U0178819

区块链浪潮

加密启蒙运动的开始与互联网的终结

[美] 斯蒂芬 · P.威廉姆斯 ——— 著
葛琳 ——— 译

世界上发生的任何一件新鲜事，

都有可能成为下一次启蒙运动的开端。

未来启蒙运动的核心，

是将个人和社会生活的方方面面

从集中模式转变为分散模式。

——梅兰妮·斯万（Melanie Swan）

普渡大学哲学系技术理论家，著有《加密启蒙运动：区块链的社会理论》（道德及新兴科技协会出版）。

BLOCKCHAIN | The Next Everything |

序

2015年晚夏，哈得孙河波光粼粼，阳光投向河边的树木。我独坐在河畔，读到一篇文章。文章讲述了在刚果（金）经商的种种危害——奴隶劳工苦不堪言，各种腐败滋生横行，为了开采钶钽铁矿（智能手机的重要原料）等稀有矿物，不惜破坏濒危动物栖息地。这时，“区块链”映入眼帘，让我眼前一亮。显然，正如文章所述，这种新技术可从森林开始逐步跟踪钶钽铁矿的可持续开采过程，像分类账一样记录下来，一路传至手机用户端。这样，欧美消费者在购买手机时就能确认手机的制造过程并未破坏

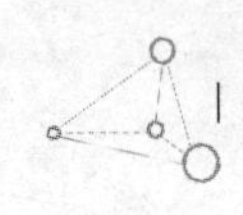

猩猩的栖息地。

这对于手机用户当然是福音，可对于那些矿工呢？研究表明，区块链能创造公平有力的竞争环境，使矿工的贡献更受认可。例如，当地中间商买下钶钽铁矿后，矿工如果想知道自己开采的铁矿去向何处，可以通过区块链全程追踪铁矿动向，这种透明性可能会让矿工产生改进供应链各环节的新想法。这条漫长的供应链，将铁矿原料从刚果（金）运至中国手机工厂，最终将成品送至离我身边的哈得孙河不远的华尔街14号——苹果手机专卖店。

如果处于供应链源头的矿工能了解供应链终端的产品价格，经济将会发展成什么样？区块链对使用钶钽铁矿、从矿工处获得创意、与产品接触最亲密的手机公司有多大帮助？至少，区块链能让消费者更了解产品，这还仅仅只是它发挥潜力的开始。

区块链——多么酷的概念，多么奇特的名字！很快，我便沉浸其中不可自拔，写下了这本书。

区块链技术最初应用于比特币（Bitcoin）平台，用来跟踪每笔交易中数字货币的消费或销售状况。仅此一项功能便足以让该技术成为改变世界的发明。2008 年比特币问世后不久，技术专家就认识到，从长远来看，其背后的区块链可能比加密货币具有更高的价值。

区块链技术并不复杂。基本上，区块链就是一个永久的、无法被入侵的分类账本，可以记录任何你想记录的信息，是构建各种创新和全新应用程序的理想平台。

举例来说，如果用区块链登记一英亩地的交易记录，下次出售该地时就不必担心土地的归属问题，也无须产权公司提供销售证明。洪都拉斯目前已在开发这项技术。据估计，该国80% 的私有土地都存在非法产权或压根无产权的问题。区块链所有权登记不仅能预防土地盗窃（包括入侵），还能防止人们非法砍伐、非法定居森林。

创世之城（Genesis City）则正在出售另一种房地产——只存在于互联网的数字房地产。这个“数字王国”正向数字空间开发者，限量发售一批产权登记在区块链上的“地块”。这听起来就像是20 世纪50 年代把佛罗里达沼泽卖给北方人的行为。那么，拥有一块将被数百万人造访的数字土地到底有没有价值？只要想象一下，有了产权以

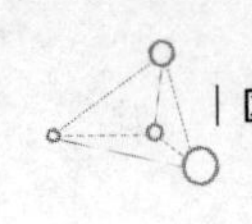

后，就可以在数字空间开店、开发游戏、开办杂志了。相信你已经有了问题的答案。

区块链的好处远不止简单的赚钱方案。东非的瓦拉（Wala）公司利用区块链，让以前没有银行账户的国民通过智能手机访问银行，使他们首度接入现代经济。纽约艺术家凯文·阿布奇用自己的血液记录下区块链字母数字编码，并将其出售。他还以100万美元卖掉了自己所拍照片的加密注册证（不包括照片）。

如今，越来越多的新企业摒弃了自上而下的传统等级制度，利用区块链分散所有权和控制权。许多人认为这预示着更平等的资本主义即将到来。区块链启发人们以更大胆的创造性方式探索科技。

经过一番区块链探索之旅，我发现区块链技术虽能引发诸多讨论，但其真正的工作原理却鲜为人知。尽管我认为并非所有人都必须深入了解区块链的技术原理，但倘若能有个概念性认识，那该技术对社会的变革潜力便不再是天方夜谭。在本书中，我会分享自己所学的知识，启发你们思考区块链改变生活的方法。

目 录

第一章 | 感受区块链

第二章 | 区块链的工作原理

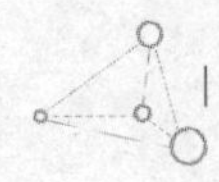

第三章 | 货币与创造

第四章 | 新事物的惊喜

BLOCKCHAIN

The Next Everything

第一章 | 感受区块链

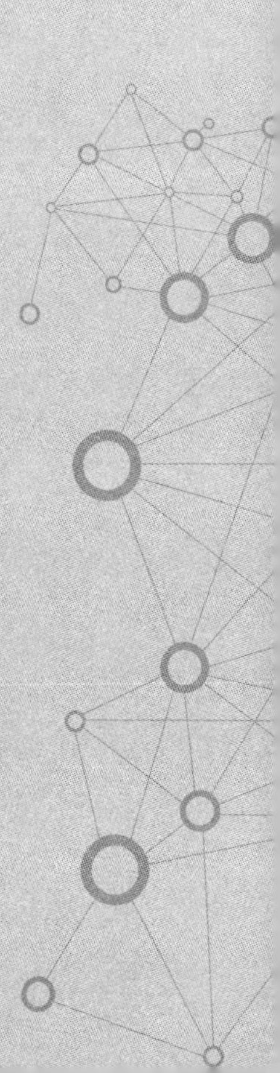

区块链是什么

区块链是一项技术，
而比特币只是其潜力的首个主流表现形式。

——马克 · 切尼克斯贝格[1]（Marc Kenigsberg）

1　译者注：马克 · 切尼克斯贝格（Marc Kenigsberg）是在线营销公司Jamworx的首席执行官，是区块链领域的权威之一。

区块链是一种软件，仅此而已。

区块链是一种软件，而非实物。它们只是存在于电脑、电话及其他设备中的成串代码。只需通过软件和网络，就能将手机、电脑及其他设备接入区块链。一旦加入，你便成为区块链系统的一部分。该系统可能包括成百上千甚至数百万相互连接的人和机器，所有人公平竞争，不受等级制度的控制。区块链能赋予个人在思想市场、政府管制市场和金融市场上前所未有的权力。区块链摸不着，却能触动你的生活。

你躺在毯子上，仰望明朗的夜空。想象一下每颗星星通过一束光与最近的星星相连，一颗连一颗，一颗接一

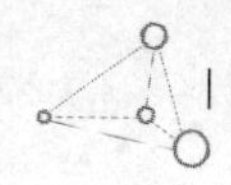

颗。这样，光束便连接了附近所有的星星。这些星群又连接相邻星群，无数的新星星源源不断地加入，最终每颗星星都通过其他星星与太阳相连。你的想象使夜空成为分布式网络模型，而分布式网络模型正是区块链的生命线。电脑、手机及其他设备就如同夜空繁星，星星相连，共同分担着运行计算机代码的任务，而这些代码就是区块链。

区块链的神通

基于区块链的市场网络将取代现有网络。
这种取代是由点及面的缓慢过程，而非一夜之间突然取代。

——纳沃 · 拉维康特（Naval Ravikant）

简单来说，区块链就是在线分类账本。

究其本质，它就好比先辈们记录拖拉机销售情况或为苦日子积攒便士的绿色大账簿。有些无趣，对吗？其实，你应当把分类账本看作文明社会的基础。没有它们，就没有市场，更不会有城市。分类账本有以下功能：

- 记录一切经济数据
- 显示身份，例如公民身份或职业
- 确认会员资格
- 显示所有权
- 跟踪物品的价值
- 确立知识产权归属

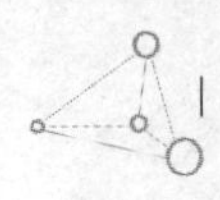

- 确认出处，使艺术品“真实可考”
- 确认地球公民的身份

换句话说，区块链是数字分类账本，负责跟踪各种数据。它不仅能跟踪商品流转、货币流通、艺术品或诗歌的出处，还能安置寻找庇护所的难民，监控冻土带的生态健康状况，等等。以太坊（Ethereum）和比特币是知名度和价值最高的区块链技术应用。其实，数百万台电脑上还存在着其他区块链。

尽管在大众心中区块链与比特币密不可分，但区块链并不等于比特币。确切来说，区块链是成就比特币及其他加密货币的数字分布式账本，能记录每一枚货币的流通状况——原主是谁？什么时候卖的？卖给谁了？这一点至关重要，因为你不能用口袋里叮当作响的比特币来标记加密所有权——区块链上的货币仅以计算机代码的形式存在于数字领域。没有区块链，比特币就没有价值。

区块链都具有存储信息的能力，信息一旦存储便不可更改，这意味着信息可免遭篡改或被黑客窃取。该特性是被编入区块链技术的设计方案的，原因我稍后分析。这也是区块链最重要的特性。例如，如果你想立刻给海外公司电汇一笔支付零部件的运费，你必须让你的银行告诉对方银行（很可能通过中介银行），你的汇款是合法的。汇款到达对方账户大概需要几天。海外公司也必须让银行反过来证实汇款的合法性。每一步操作都要付费；事实上，你在为“信用”付费。

区块链上的交易信息不可更改，这样人们就不必寻求中间代理，也不必亲手付款，因为支出款项已无可争议地记录在案。每次转账，区块链都会记下新的钱主。你不能“双重支付”，也不能自称没钱。

分布式账本的每一笔交易都证据确凿，因此人们称区块链是“免信任的”，意思是让区块链免遭黑客攻击的计算机算法使得交易不再需要“信任”的帮助。

区块链的基本功能是将数字信息分组，归入名为“区块”的集合，信息输入后不得更改。你可以输入财务转移、亚马孙橡胶树的普查数据等想永久记录的任何信息。区块收录约2000条数据后达到饱和，这时系统会通过一些复杂流程给数据印上时间戳，形成永久记录。每个区块通过指代双方内容的代码与邻近区块相连，因此被称为“区块链”。

如果有人试图更改封闭区块内的信息，那么连接相邻区块的代码将不再同步，虚拟警报器也会发出入侵警告。因此，区块链安全性极高。而且，区块链的优点不止于此。

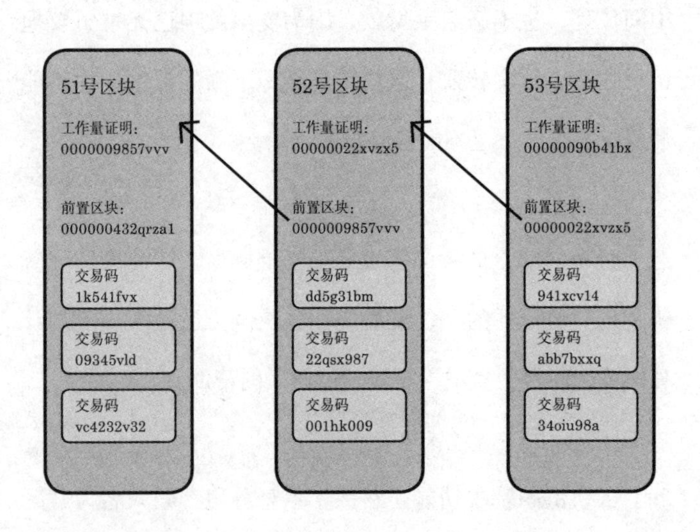

使用各自设备加入区块链的用户被视为区块链上的“节点”。一条区块链可包含成千上万甚至数百万节点——越多越好。该设计的真正高明之处，是区块链在每个节点上都能复制且不断更新。即便有人能更改一个区块及其他所有与之关联的区块的信息，他们还必须更改每个节点的信息，这几乎不可能发生。就算发生了，虚拟系统也会再次发出警报，使任务无法完成[1]。

节点集既可呈分散式网状，也可呈分布式网状，两种散布方式都很可能运用于商业、艺术、社会企业等领域。分散式网络保留了最低程度的等级结构，而分布式网络则将“去中心化”的概念提升至新层次，每个节点在网络的管理方式上均有发言权——分布式网络没有等级，没有上司，没有父亲般的人物。每个节点都能撑起整个区块链，哪怕周围有些节点失灵。分布式网络为创建公司、政府及其他社会维护系统带来根本性的创新。分布式网络引领我们走向何方，我们尚未可知。但我乐

1　可惜，神秘的量子计算会威胁这种安全性。很多人担心，量子计算一旦实现，便会以强大的威力破解区块链技术。

观地认为，它会让生活变得美好。

你可能永远不会意识到自己在使用区块链。不出5年，你就可能会在不知不觉中使用与区块链技术无缝对接的应用程序，每天与区块链相连。区块链是一种底层技术，也是支持其他软件运行的平台。从广义上讲，它的概念类似于人们用谷歌（Google）检索、用Word写文章或用Spotify听音乐的计算机操作系统。我猜，大多数人其实并不知道这些软件的运转方式。和其他软件操作系统一样，我们大多数人无须确切了解区块链软件的工作原理，只需了解其功能即可。

除非你是一位对按键指令有美观要求的编码员，否则区块链代码其貌不扬。区块链代码如下图所示（如果你不感兴趣，看一眼即可）：

```
1.  # Create the blockchain and add the genesis
block
2.    blockchain = [create_genesis block( )]
3.    previous_block = blockchain [0]
4.
5.  # How many blocks should we add to the chain
6.  # after the genesis block
7.    num_of_block_to_add = 17
8.
9.  #Add blcks to the chain
10.   for i in range(0,num_of_blocks_to_add):
11.   block_to_add = next_blocks_(prevous_block)
12.   blockchain.append(block_to_add)
13.   previous_block = block_to_add
14. # Spread the world!
15.   Print  "Block #{} has been added to the
16.   blockchain!" .format(block_to_add.index)
17. Print  "Hash:{}\n" .format(block_to_add.hash)
```

区块链的程序编码被下载至设备或电脑后，就会转换为可用界面。

不同的公司或机构可运用区块链代码，在虚拟层上构建应用程序，这样人们用电脑、手机或其他设备便能轻松接收有用信息。这些应用程序有许多用途，例如，为人们向亲戚汇款提供渠道，进入手工服装市场，或接入像Steemit这样的社交媒体平台。在Steemit社交媒体平台上，人们可以通过发布有趣的帖子来挣钱，而不是像现在那样把帖子免费提供给脸书（Facebook）等平台巨头。

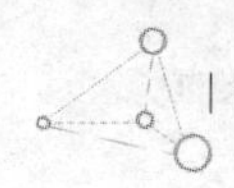

区块链可以完全透明，也可以高度私密。鱼与熊掌是如何兼得的呢？

原来，区块链使用者（人或机器）的身份隐藏在一串代码后面。除非使用者主动透露身份，否则你永远不知道他是谁。但使用者的交易全程透明，这样，就算你不知交易者是谁，也能确定交易事实。

我之所以强调“高度私密”，而非“完全私密”，是因为电脑高手还是可以通过分析你的交易记录来推测你的身份。Chainalysis和Elliptic等公司就专干这一行。

我来到埃森拉吉酒店（The Assemblage），这家酒店在纽约市内外掀起了集体办公的热潮，发展迅速。埃森拉吉酒店位于E25大街，环境舒适友好，以拥有一家免费的阿育吠陀早餐吧[1]著称。“埃森拉吉酒店汇集了一群人，他们

1　译者注：阿育吠陀是梵文，意思是生命的科学。阿育吠陀不但是一种医学理念，还倡导健康的生活方式。阿育吠陀在美国颇为流行，很多酒店提供相关服务。

认为世界正处在集体意识进化的边缘，从个人主义、彼此分离的社会过渡到相互联系的社会。”埃森拉吉酒店是这样描述自己的，因此非常适合赞助一场名为“人工智能、区块链和新母系社会”的座谈会。

我走进酒店，一层的天花板很高，里面摆放着富有格调的千禧年款式的家具，还有一间又长又宽的酒吧。我点了一杯胡椒薄荷茶，酒保朝我安静地微笑。我坐在凳子上，听着一群二三十岁的人坐在长沙发上叽喳聊天，其中一些人相互依偎，等待座谈会的开始。5名专家组成员坐在星形吊灯下方的增高坐垫上，他们的短剑闪烁着LED灯，直指地板。

作为座谈会的主持人，我倚靠在一面长满活苔藓的墙上。性治疗师安妮塔·特蕾莎·伯宁格（Anita Teresa Boeninger）在开场白中描述了区块链和母系社会的相似之处——二者都遵循一种被称为“异质体系”的非等级组织结构。安妮塔表示，异质体系反映了区块链没有权力顶点的分布式系统。“母系社会的资源分配方式不同于父系社

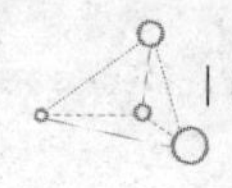

会，”她说，“母系社会没有持续的竞争。”

她让每个人放下手机，把其中一个手掌假想成手机。在她身后，墙上挂着几幅烟雾的照片。

“轻抚你们的手，想象一下它就是手机，触摸你们的手掌，真切感受身体与手机的联系。”她说。

我能感到，房间里的氛围渐渐松弛下来。

“现在，把你们的手机紧挨着放在地上，这样它们便能相互摩擦、彼此交谈。”

我听见一丝嘘声，但大多数人都照她的话做了。这真是让与会人员摆脱屏幕依赖、集中注意力的聪明一招。

“现在，让我们认识一下富有魅力的专家组成员”，她说。

这时，大家才意识到自己没有了手机，我感到一股焦虑的浪潮席卷了整个房间。与此同时，他们的手机却在地板上兴奋不已、趣态百出。

伯宁格介绍了ConsenSys的员工杰西·格鲁沙克（Jesse Grushak）。ConsenSys是一家在以太坊区块链上发展业务、开发社会公益产品的创新公司。短短几年内，公司规模从80人发展至800多人。目前，ConsenSys正在筹备数十个项目，包括Civil新闻公司和Grid+电能交易平台。专家组还有以下成员：OGroup首席执行官、区块链及其他新兴技术的早期代表人物玛雅·武吉诺维奇（Maya Vujinovic），具有性别研究背景的后人类哲学家弗朗西斯卡·费兰多（Francesca Ferrando）博士，以及ConsenSys前首席业务设计师、加密货币交易员亚力克斯·戈登-布兰德（Alex Gordon-Brander）。

安妮塔和专家组成员外表端庄、衣着考究，坐在沙发、坐垫和深椅上的听众同样外表得体。得体的人，配上典雅的房间，会场便有了Instagram（照片墙）的梦幻氛围。

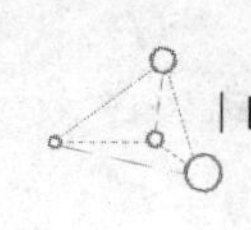

费兰多是纽约大学的兼职哲学教授，她在讲话一开始就承认“房间里的一切非人类物品——电脑、手机都是神圣的生命。我们展示了这个空间。我们使用了科技。而科技正在共创我们的身份。我想和你们分享这样一个愿景——愿这个世界上，人类和科技再无隔阂。未来，不再是‘我们对抗科技’，而是‘我们与科技共处’。这将意味着父系社会的结束，一个时代的终结。”

这听起来当然很酷。我备受鼓舞，却又觉得索然无味。我可不想愤世嫉俗，认为自己50年前就听过这些想法，那是20世纪70年代，我还只是个孩子。我想沐浴在未来的阳光下，享受一个真正与众不同的未来。

费兰多有着和伯宁格一样充沛的精力。她热情洋溢，风趣幽默。尽管她的口音让我只能听懂一半她讲的内容，但这一半已经让我赞叹不已。她对非人类物体的讴歌令我着迷，我不禁环顾四周——花盆和成堆的手机，还有沙发上的追梦青年。即便这样，我仍想畅聊区块链。

武吉诺维奇谈及自己在非洲的工作经历，声称自己亲眼见证了个人科技的变革本质。

“有了它，”她举起自己的手机，“你就拥有了一家银行。而这家银行能在新兴市场的父权制度下赋予女性权力。”

她表示，这部手机还能让女性接触她们想要的任何区块链，从而大大平衡权力的分配。研究表明，凡是女性掌管家庭开支的地区，整个社会都会受益。而点对点支付的区块链只要获得市场准入资格，就能让这成为现实，造福社会。

房间里，女性至少占了半数，这一比例在大多数区块链活动中实属罕见。但这并不奇怪，因为这场座谈会的主题是“新母系社会”。“我想告诉诸位女性，”武吉诺维奇说，“放手一搏，创造你想要的空间吧。别再等待别人的邀请。”

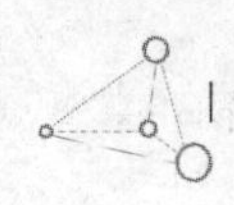

就在这时，一名高个长发的男性穿过房间。他头戴宽边的博萨利诺帽，身穿黑色库尔塔（印度无领长袖衬衫）和做工精细、装饰着金丝带的裤子，双耳戴着一对无线耳塞，手里拿着一台笔记本电脑——活脱脱一位不露声色的父权统治者，一副花花公子的做派，看起来十分滑头。“新母系社会”只好让道，让他通过。

几乎没有人提及人工智能或区块链，直到盘腿莲花坐的戈登·布兰德从坐垫上起身，加入座谈。他刚入中年，发型浮夸，西装革履，没打领带，简直就是导演韦斯·安德森（Wes Anderson）的翻版。显然，他用行动支持着“母系社会”。

“在苏美尔，”他说道，“金钱会随着时间流逝而腐烂。几年下来，你的谢克尔变得一文不值。现在，有了加密货币和区块链技术，我们得以重写货币规则，这不令人兴奋吗？然而，90%的比特币仍掌握在男性手中。”

听众喃喃抱怨，虽感到遗憾，但也只能同意他的话。

“我们可不想以这样的方式进入后人类世界。”他说。

听众报以热烈欢呼。谁不想成为“后人类”，在寒冷的春夜，坐地铁返回布鲁克林?

曾任通用电气（GE）高管，现在执掌自家公司的武吉诺维奇发表了自己的看法。

“为什么人们大肆宣传加密货币？因为我们都希望世界更加公平。我们仍需设计平台和智能合约，解决贫困等问题。我们不能以男性主导的思维看待加密货币，否则会产生令人生厌的后果。”

换句话说，如果我们把一切新技术塞入旧世界，万事皆会失败。专家组似乎发觉，一场范式转移即将发生。

“在区块链里，时间被压缩了。”戈登·布兰德说。

座谈会结束了。人们开始互相认识，建立人脉网，气

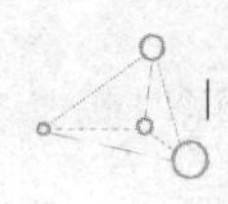

氛热烈。我走出会场，纷飞的雪花令我暂停了思考。回家的路上，凛冽的寒风刺痛双颊，但迷人的雪花散发着天地之美，让我沉迷、流连忘返。

我了解雪花。我曾看过威尔逊·“雪花”·本特利（Wilson “Snowflake” Bentley）20世纪初在佛蒙特州拍摄的一组迷人照片。他在自家农场组装了一台添加显微镜头的临时照相机，用它拍下了大量雪花晶体照片。那时还没有电子化技术，也没有开放系统将他与世界相连。连他的家人都不认可他的工作。但这些照片最终却成了我们认识雪花的首要途径，并流传了100多年。

这些照片是在佛蒙特州的一个乡间农场手工拍摄的。照片中，没有两片晶体是相同的。雪花落在我的黑衬衫上，顷刻消失。但不知怎么的，透过联结记忆与现实的分布式系统，雪花把我和那个今生无缘相见、被世人误解的老人——“雪花”·本特利联系在了一起。

看不见的船——认知以外

这是我成年生活中遇到的首个信息技术，
如果智力与能力不足，是根本难以理解这项技术的。

——亚当 · 格林菲尔德[1]（Adam Greenfield）
《激进的技术：日常生活的设计》

1 译者注：亚当·格林菲尔德（Adam Greenfield）是杰出的科技思想家，曾在十年前担任诺基亚副总裁，近年则专攻科技与城市空间、共享经济与社会发展议题。

早期造访新大陆的几位欧洲人写道，当地居民似乎无法“看见”探险者的近海大帆船。克里斯托弗·哥伦布（1492）、费迪南·麦哲伦（1520）和詹姆斯·库克（1770）的随行船员都描述过这种名为“看不见的船”的现象。随同库克出海的植物学家约瑟夫·班克斯描述了这样一个例子：

> 船驶过时，距他们不到1/4英里[1]，可他们的目光一直盯着岗位，几乎从未抬头看一眼船。我觉得，他们太专注于自己的工作，耳畔响彻着震耳欲聋的海浪声，既没看见船只，也没听见它驶

1 编者注：1英里约为1.6千米。

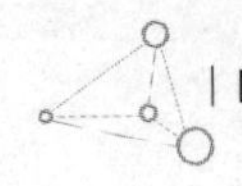

过的声音。据观察，没有一人停下手中的活，朝船看一眼；他们各忙各的，表情完全不为这个庞然大物所动。但对于从未见过船的人来说，见着如此非凡之物必定叹为观止。

犬儒学派认为，故事中对当地居民的描述过于夸张了。我更喜欢另一个理论：这些岛民之所以看不见船，或许因为这些船是他们以前从未见过，也从未想象过的，完全超出了他们的经验和认知范围。

我从事区块链的经验也支持了这一观点。过去几年，我遇到许多富有智慧、看似学识渊博的人，他们觉得区块链令人无法想象。他们从未接触过任何与之相似的系统，因此面对区块链，他们往往视而不见。对他们来说，区块链就是一艘看不见的船。

区块链蕴含的科学技术富有挑战性，对我们这些不甚了解计算机与智能合约的人来说尤为如此。但即便缺乏科技知识，我们仍能凭直觉或想象勾勒出区块链在社会中的潜在用途，或者使用构建在区块链上的分布式应用。这就好比你不了解万维网，但并不妨碍你使用万维网及其背后的互联网。你终究会从自己的设备中探索出区块链的好处。

正如你可能从未写过网站代码一样，你也许永远不会亲手编写区块链代码——即使你已在广场空间（Squarespace）或博客系统（WordPress）上“构建”了一个区块链。未来几年，来自IBM、微软、ConsenSys及其他数十个创业公司的智能程序员和工程师会创造友好界面，让你建立最适合自己和公司的区块链。亚马逊网络服务（Amazon Web Services）现已推出区块链DIY模板，此举影响重大。

过不了多久，使用区块链就会像在网飞（Netflix）上看电影一样容易。

基于分布式的模型，区块链具备了一种能够拓展人们思维的可能性，并且这种可能性越来越容易实现。区块链建立于分布式模型之上，具有触手可及的思维拓展可能

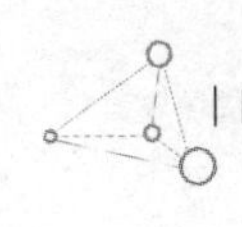

性。再强调一遍，我所说的“分布式”，是指该系统没有中央集权，这不同于我们目前熟悉的绝大多数系统。相反，分布式系统由参与方共同运营，所有参与者就决策达成共识。纯粹的分布式系统没有等级，没有总裁，没有创始人，也没有首席执行官。一旦参与者都受到重视，商业规则、创意规则和社会规则都会改变。

这些规则如何改变？我们得弄个明白。

分布式系统的潜力，以及它们对政府、创造力、平等及所有人获得金钱和商业机会的意义，是多么令人兴奋、新鲜！未来都因此变得难以捉摸。

要想了解区块链，得先感受区块链：想象自己置身于一片沙滩，雾蒙蒙的微风拂过水面，凉爽宜人，阳光透过迷雾直射沙滩。坦桑尼亚的登山爱好者、乌拉圭的股票交易员、马托格罗索州的贫困农民，一名来自长岛的私人飞机驾驶员、三名来自英国的鳗鱼渔民、一名来自法国的艺术品管理员，以及一名来自洛杉矶银湖区、拥有545368

名粉丝的电影明星……成千上万的游客齐聚一堂，共享沙滩。你们互不相识，却彼此相连。你们每人决定，今天要来这片沙滩享受阳光。你们都能证实此事，从而确立集体事实。这就是区块链的工作原理。

以下又是一例：你正乘坐着《人车志》（*Car and Driver*）里描述的2025年度最佳汽车。它形似日本饭团，整个表面（包括环形挡风玻璃）都由高效太阳能板组成。太阳能板将电能存入电池，而电池正好位于20世纪汽车发动机的部位。汽车底部有块导电片，上面附有一块与区块链无线连接的智能电表。开车任务主要由人工智能完成，遇到红灯停车时，汽车会自动将多余的电量无线传至电网。自动数字智能合约能记录一切，包括谁买了你的电，买主付给你多少钱，以及钱现归于何处。汽车可能会穿行在无数电网上，从杜克能源公司到“乔叔叔”的微电网，再到弗吉尼亚中部的电力合作社，一切交易都将由智能合约处理，记入你的账户。你的汽车将日以继夜地创造电力，销售电力。太阳能板停止工作、风力低时，电网的数字代理商会要求汽车释放储存于电池中的电能，以补充整体电力

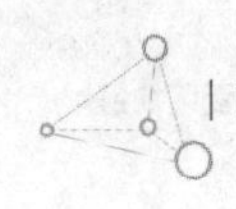

供应。同时智能合约会确保在车内留下足够电能，让你一早顺利上班，顺便还能赚些钱。

正如我们所知，互联网的重要性有所降低。传统的互联网是信息互联网。有了区块链，新型分布式互联网将脱胎于这种旧式互联网，成为价值与真理并存的互联网。起初，新型互联网先在旧式互联网上运行，就像白鹭停在水牛背上那样。白鹭能吃掉水牛皮上的寄生蜱虫；同理，新型互联网能消除人们对旧式互联网的诸多不信任。水牛为白鹭提供食物；同理，旧式互联网为新型互联网提供支持。与此同时，新型互联网一路腾飞，进入新启蒙时代。

最终，新型互联网将在自己的设备中运行，这些设备散布在世界各地的区块链中。手机内存、汽车、大型计算机及其他设备的空白空间，甚至人脑的空白空间都将被新型互联网占据。普渡大学技术理论家梅兰妮·斯万称其为“加密启蒙运动”。不管你怎么称呼，这场启蒙运动已经开始。

要想将区块链行为对人类行为、商业、可持续发展及其他重要系统的影响方式概念化，需要一种存在主义或精神上的飞跃。自然界中存在各种分布式系统和分散系统，我认为这些例子有助于我理解区块链的人机交互模式。

为获得启发，我求助于YouTube视频网站。（我建议你在思考区块链时，可以观看YouTube上介绍自然界分布式系统的视频。）

最有启发性的视频，也许是鱼旋风（视频名为《金枪鱼龙卷风》，非常值得一看），也许是椋鸟群奇妙的飞行模式（亦称《绚丽的鸟群》）。据信，椋鸟群包含数百个节点，每个节点由7只鸟组成。每只鸟仅需知道同一节点内其他6只鸟在做什么即可，但它们的每个动作都会与其他节点相互影响。椋鸟群附近出现猛禽时，只有少数节点会断开，阻止猛禽攻击鸟群。鱼群中也有类似的系统，这些系统形成可移动的不稳定结构，抵御鲨鱼及其他捕食者的攻击。

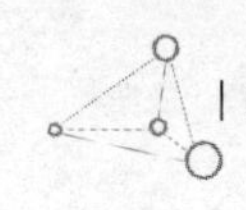

蚁群能在没有任何中央控制的情况下运转，其成员通过分泌化学物质来发出行为变化和反应的信号。成群的蜜蜂也以分布式的方式相互交流，从而提高蜂群的整体水平。这些昆虫群或许有一个最高领袖，但个体之间的交流是间接的、无领导的，是基于化学线索或飞行模式的。在微观层面，细胞组成细胞网络，神经元共同诱导疼痛等知觉。

我们人类是自然界和造物主这一伟大系统的组成部分。我认为，人类基因更倾向于去中心化的分布式系统。我们只需张开双臂，拥抱它们提供的潜能就好了。

区块链并不是道德媒介，尽管被大肆宣传，但它本质上并不具备改善社会的内在能力。相反，它是一个没有灵魂的技术平台，用于构建能影响我们生活各方面的应用程序。区块链的好处取决于我们的使用方法。区块链如此强大，如此新颖，使我们有机会以新的方式思考，以更合作无间的方式行动，同时挑战我们的等级观念。它让我们能以技术为善，同时也是一股商业力量。区块链有潜力改变工业、科学、政府和社会——甚至地球及其气候，激发更高层次的思考。

就在我们想象区块链不可思议的潜力时，我们须记住，区块链技术还处于婴儿期。就像婴儿一样，区块链是由它所处的环境和所碰到的人共同塑造的。

我们见过的其他技术，包括互联网及后来的万维网，都与它们最初的乌托邦承诺大相径庭。区块链也未能幸免。加密货币和区块链金融模式不断侵蚀着传统货币和金融模式，受其影响，华尔街的公司和银行现已努力将加密货币和区块链金融模式融入自己的业务模式。重要的投资银行正考虑开设加密货币交易柜台，因为如果区块链技术淘汰收费转账的中介机构，这些银行将受益匪浅。区块链技术正威胁着社交媒体巨头对个人数据的控制权，对此，这些巨头十分警惕。区块链威胁了脸书的商业模式，因此脸书对区块链的使用展开了大规模调查。当然，这些企业巨头将力争区块链空间的主导权。

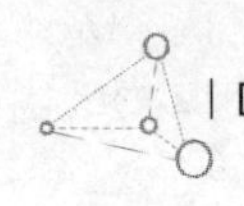

另一方面，加密无政府主义者认为，与区块链相关的加密货币是未来摆脱政府或社会控制的工具。他们当中，有许多人拥护极端自由主义。他们预想着银行末日的到来，认为加密货币将取代法定货币。法定货币由政府发行，没有任何实物（如黄金）支撑（包括美元）。此外，联合国、洛克菲勒基金会（Rockfeller Foundation）和世界经济论坛正在开发区块链技术及其他社会项目，以帮助弱势农民、无法使用银行的人和被剥夺选举权的选民。

区块链技术的未来取决于我们的利用方法和分享方式，因为区块链是最具合作性的系统。在探索区块链的用途、创建应用程序时，我们必须记住，事情的发展可能与我们的预期不符。如果区块链要兑现其最佳承诺，我们应当予以警惕。

你能在脑海中勾画出一辆赛格威（Segway）吗？2001年末，也就是赛格威向公众发布的前一年，人人坚信，这项疯狂的新发明将大幅改善世界。据说，史蒂夫·乔布斯曾预言，这些电动代步车会像个人电脑一样影响力巨大。

一位知名风险投资家表示，这项发明比互联网更重要。然而，当这些有自平衡系统的两轮小车横空出世时，很多人的直接反应是："啊，就长这样？"大家马上失去了兴趣。现在，除了商场警卫和旅行团会偶尔用用它们，你身边有多少人拥有一辆平衡车呢？

也许，区块链就是当下的赛格威，炒作过头了。

尽管几乎没人能告诉你区块链的定义，但很多人都讨厌它。总有人对着你摇头质疑："你能指出区块链有哪些真实可行的商业用途吗？"然后露出得意洋洋的笑容。

我通常会回答"加密货币"。还有什么能比比特币更成功呢？2018年中期，比特币的市值上限高达185914860912美元。好大一个数目！

比特币是一项改变世界的技术，而区块链使其成为现

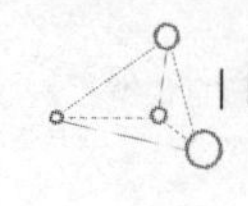

实。[1]这种数字货币催生出大量令人讨厌的波希米亚年轻百万富翁，同时也取代了全球约1/5银行的支付系统。比特币深受犯罪分子的青睐，因为使用比特币转账不会被发现；低收入国家的援助组织也在使用比特币。在我看来，比特币蕴含的美学和文化令人反感。我讨厌“比特币”这个名字，但不可否认，比特币确实影响了商业和社会的发展。

1993年9月，一个炎热的下午，一辆侧面贴着网址的公交车从身边驶过，激起了我的强烈好奇心。我并不知道网址的含义，但我知道，这是我想破解的一个密码。沿着第五大道一路前行，穿过拥挤的人群，我来到纽约公共图书馆。馆内，四周气味难闻至极，卡片目录没完没了，缩微胶片刮擦作响，我耐着性子边做研究边思考：什么是“http:”？

起初，黄色背景上的那串荒谬黑色字母在我眼前晃来

1 比特币及其他“工作证明”系统会引发巨大的环境问题。我会在本书后面讨论比特币及其他工作证明系统，并针对它们引发的问题提出解决方案。

晃去。显然，那则让我目瞪口呆的广告是想传达一些重要信息，但我不清楚具体内容。我在遥远的安第斯山脉待了三个月，这则广告仿佛在嘲笑我，笑我错过了一件大事。“www”究竟是什么意思？1984年，我花了3500美元买下第一台麦金塔电脑（Macintosh）。自那时起，我便经常使用电脑，但网络对我来说还是个新生事物。

当然，不出5年，那些字母“http://www” 彻底改变了我的记者生涯。从那以后，我几乎没再去过图书馆。

现在，我们正处于社会转变期。只不过这次，代码没有贴在公交车侧面。事实上，你不太可能见过。它们长这样：36ebee7dd9c5ff23a24f20334f16c27ece718790a2871221cffe4508a6f1c581。

这串看起来不怎么美妙的数字叫“散列”，象征着新世界的到来。散列可以代表土地所有权、照片、小说、电汇、山姆·库克（Sam Cooke）的歌曲或杂货清单——你想在区块链上跟踪的任何信息，都能用散列来表示。

这些加密数字串奠定了一种新范式——分布式时代的基础。在技术方面，我们仍处于1995年的互联网时代：美国的书呆子、金融家和创意型企业家都知道世界正发生一件大事，而世界上其他地区的人，却还在商场里购买豆豆娃[1]（Beanie Babies）。

长期以来，我们的习惯、政治、金融和艺术都是集中式思维塑造的——我们沉迷于权威人士或机构，被他们的是非观左右。我们请求中央当局批准的事项，他们认为合适才会付诸实施。例如，我们指望银行来确认交易价值，指望博物馆来确认艺术品的价值和来源，指望政党领导人来指引我们前进。

我们对这种情形非常满意。瞥一眼生活，你会发现自己对各种机构和制度都极为信任，包括：

1　译者注：豆豆娃（Beanie Babies，也常称为豆豆公仔）是一种使用豆状PVC（聚氯乙烯）材料作为填充物的玩具。豆豆娃最早是由美国人哈洛德·泰·华纳（Harold Ty Warner）与他所创设的Ty公司（Ty Inc.）发明生产。1996年末开始在欧美地区掀起一股非常惊人的收藏、交易与炒作旋风。

◎ 公共事业公司

◎ 保险公司

◎ 你今晚的约会对象（哪怕只是在网上刚刚认识的陌生人）

◎ 你的新房东

◎ 试图把第一版《哈利 · 波特》的珍本书下架的经销商

我们为什么信任这些机构或人？因为它们在某些方面比我们强大。另一个原因是，大多数时候，我们别无选择。尽管各大机构都以能紧握权力著称，但这样的日子没多久就要结束了。

拥抱分布式系统

当我们试图把任何一个事物单独摘出来时，
会发现它与周围的事物密不可分。

——约翰·缪尔[1]（John Muir）

1　译者注：约翰·缪尔（John Muir，1838年4月21日—1914年12月24日），早期环保运动的领袖。他的大自然探险文字广为流传，并创建了美国最重要的环保组织塞拉俱乐部（the Sierra Club）。

许多人难以理解分布式系统，真正原因在于心理上的条件反射。至少一万年来，人类一直生活在由权势等级和领导定义的群体中，随着等级制度愈发完善，人们有必要了解自己在社会中的位置。如果他们不想原地踏步，就必须努力向上爬。这种观念始于家庭，基于社会地位、财富和权力，不断扩散至地方社区，以及国家、地区或世界这些更广阔的天地。在小型精英团体控制的企业，事实尤其如此，也最令人不安。

哲学家、人类学家等表示，情况并非总是如此。有证据支持这样一种观点，即狩猎采集社会是比较平等的，且致力于让社会成员更加平等。伦敦政治经济学院的詹姆斯·伍德伯里(James Woodbury)认为，平等的产生有以下

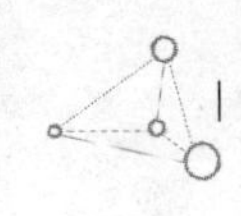

几个因素：其一，狩猎采集者能立刻直接地获取群体采集的肉类、水果和坚果，这限制了他们外部控制的范围；其二，商品在人群中流通时，也没有人感觉自己亏欠别人人情；其三，人们不会过度依赖他人，因为所有人都对集体成果做出了贡献。

人类学家表示，狩猎采集社会显然没有首领、老板或王族。男女都有重要的功能。人们彼此合作，因为在这个每日都要耗时狩猎采集的世界上，合作是获取食物的最佳方式。大约1.2万年前，狩猎采集者掌握了农作物的种植方法。突然，世界上出现了需要管理的商品和需要完成的其他任务，它们永久改变了社会群体。随着人类群体不断壮大，消耗更多资源，人们需要占领其他土地，以寻求足够的猎物和足够的优质耕地。这样就需要能管理没有被均匀分配的资源的人，这反而导致平等结构被打破了。突然间，群体被依据声望、财富和权力进行了划分，等级社会形成了。

斯坦福大学的研究人员进行了一项模拟试验，结果表明，这种资源获取不平等的现象使群体变得更弱，而非更强。但与此同时，根据试验模型，不平等现象使人群进一步扩散，以寻找食物及满足其他需求，从而扩大群体规模。这导致群体成员与其他群体发生冲突。不平等群体征服相邻的平等社群后，不平等现象会进一步蔓延。

目前，统治阶层领导的不平等社会是几千年前狩猎采集向农耕过渡的直接结果。这种社会形态适用于美国，但对世界上很多其他地区来说就不那么适用了，因为这些地区的人还在为优质食品、医疗保健、教育甚至清洁用水、卫生设施等基本必需品而挣扎。

也许，是时候该审视一下控制我们多数行为的社会体系，尝试一些新事物了。

区块链之所以称为“分布式技术”，是因为联网的每台电脑或其他设备都参与了它的运转。这些设备被称为“节点”，既可以彼此相邻，也可以远在不同大洲。节点必须就新建的每个区块达成共识，并在区块链上盖好时间戳。

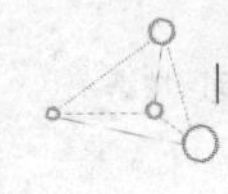

达成节点共识的方法很多，例如加强型计算机通过“数据挖掘”竞相解决算法产生的“问题”；在区块链世界被称为“神使”的人们提供他们的智慧，验证基于他们持有的数字加密货币的共识。

乍一看，区块链的分布式本质对我来说毫无意义，尽管它确实给了我一种类似犯罪的快感。有公平竞争的环境，却没有树立组织精神的领导者，这简直太疯狂了，完全颠覆了我的认知。

但我逐渐意识到，分布式系统是区块链最重要的创新。如果任其发展，它将改变人类的未来。在分布式系统中，没有哪个节点能做出一切决定。此外，由于每个节点都知道区块链上的其他节点在做什么，因此它们很可能通过比自上而下的系统更有效的方式相互协作。

分布式系统能赋予无权者权力，同时利用合作带来的创造性思维，让强者更强。

一般来说，大多数人的生活都由那些拥有专业知识、权力、财富、社会地位或其他控制手段的人自上而下主导。这种等级制度在社会中根深蒂固，多数时候我们并未予以注意。其中那些“与权威不睦”的人很快就学会向我们宣战，如果不应战，我们就会受苦。

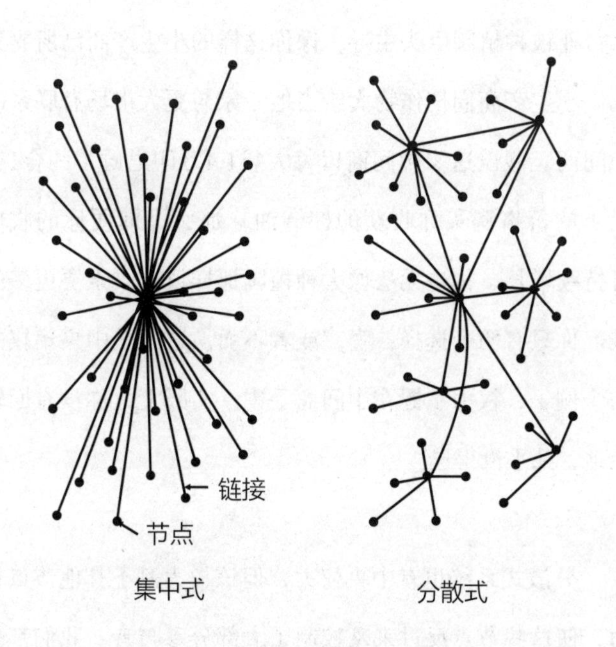

主导力量可能是一家之主，也可能是当选的领导（如总统）；可能是公司、政府或宗教，也可能是花时间吸收某一学科更多知识（或至少假装这样做）的人。这些力量

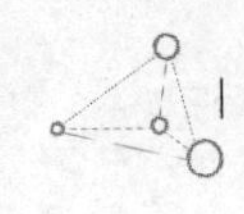

为我们做出决策，充当真理的守门人。这种权威力量有两种基本形式：集中式和分散式。

集中式系统的权力从主导节点流向所有较小的节点。假设你是印度尼西亚农村的一家小型棕榈油生产商，由于该行业被种植园巨头主导，像你这样的小生产商已所剩无几。小生产商们把作物卖给当地一家与更大市场有联系的中间商。假设这家中间商以每大袋1.4万印尼盾（约合1美元）的价格购买你收获的棕榈油，那么，即便你的收成可持续增长，你也无法像大种植园那样议价，索要更多的钱。你只有两个选择：卖，或者不卖。这就是中央集权的一个例子，权力掌握在中间商手中。实际上，你没有回转余地，几乎没得选。

分散式系统也有中央权力，但该权力赋予其他节点权力，使这些节点反过来又控制了大部分参与者。我们都接受分散式系统，但却感觉它较为间接，也更加压抑。事实上，它是一群分散的集中式系统，而这些集中式系统由大型中央集权控制。公司和学校的运营往往基于分散式系统。

例如，我哥哥上小学五年级时，他的老师坚称下加利福尼亚[1]是美国的领土，我哥哥曾表示反对。由于反对方式不当，哥哥被送至校长办公室，无法发表意见，也无法澄清事实。这就是分散控制。该例子说明，在分散式系统中，中央权力（校长）将较低层次的权力外包给其他人（老师）。

尽管一切证据都对我哥哥有利，校长还是把他扣留了一下午。我哥哥的25个同学现已年过花甲，当他们跨越圣地亚哥边境时，一定会相当困惑。

人们常把“分散式”和“分布式”这两个术语混为一谈。我认为，它们的含义并不相同。分散式系统是由相互连接的节点组成的节点群，如基地组织（Al Qaeda）的恐怖分子，或国家橄榄球联盟（NFL）的橄榄球队。而分布式系统则是激进的分散式系统。例如，任何人都可以在匿名戒酒会（Alcoholics Anonymous）举办独立、自筹资金的会议，但这些会议其实属于更大的组织。

1　译者注：Baja California，下加利福尼亚是墨西哥西部的一个多山半岛。

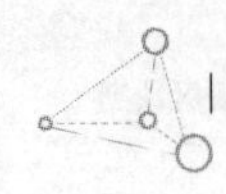

分布式系统过于激进，大多数文化想都不敢想，更别提维护了。分散式系统看起来更好管理，并且仍保留了分布式系统的诸多优点。区块链是一种分布式系统，但是分散式系统因其结构更受欢迎。

许多人首次看到分布式区块链网络图时，会认为它不够强大。它没有中心，也没有主导节点。一切太过平衡，决策谁来定？怎样可能办好事？这些反应都是完全合理的。

我至今也还有这样的担忧。我花了很多时间思考分布式系统的概念。正如我所说，经过深入思考，我发现了它的美。

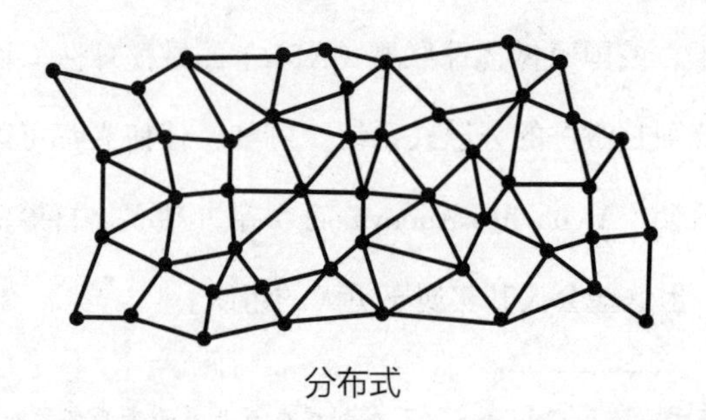

分布式

上图中的分布式系统如同一张蜘蛛网。如果一部分被摧毁，其余部分会继续相连。每个节点都是较大整体的一部分，都能做出贡献。实际上，所有这些节点（或区块链的参与者）一起工作，形成一台大型计算机。作为系统的一部分，每个节点都能看到其他节点在做什么。这种透明性应该会增强创造力，因为曾经没有联系的人现在可以共同思考解决方案，提出建议。

现在，我领略到了分布式系统的美，过去的集中化结构反倒显得陈旧迂腐、死气沉沉。想到这些，我感到很压抑。我不想让大老板吩咐我该看什么、该想什么、该做什么。相反，我宁愿为结果奉献一己之力。民主主义、共产主义和社会主义承诺，人们拥有最终发言权。民主主义和社会主义密不可分、共同发展，但共产主义目前尚未实现。也许，在区块链的推动下，分布式技术将引领我们做出更平等的新选择——区块链哲学家梅兰妮·斯万称其为“下一个启蒙运动”。

参与者越多，分布式网络的工作效果越好。1980

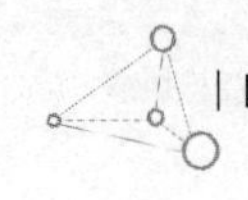

年，颇具影响力的电气工程师罗伯特·梅特卡夫（Robert Metcalf）首次证明了梅特卡夫定律。以电话为例，两部电话彼此只能建立一个连接，但5部电话可建立10个连接，如果你有12部电话，你可以建立66个连接。电话越多，连接的数量呈指数式增长。一般来说，能建立的连接越多，网络越安全，创造力和交易的潜力也越大。

令人惊奇的是，在互联网问世之前，梅特卡夫就发明了以太网（Ethernet）。1995年，梅特卡夫预言互联网不出一年就会彻底崩溃。他发誓，如果预言不应验，他就把自己的预言吃下去。果然，在1997年的国际万维网大会上，他把一份印有自己预言的打印稿放入搅拌机，掺上水搅碎，然后当着观众的面喝了下去。后来，他还预言无线网络热潮将很快褪去。他的三个预言里只有一个成真了，不过这也不错呀。

技术提倡一种前所未有的组织、创造及分享价值的方式。当哥伦布带着从新大陆掠夺的商品和奴隶回到西班牙时，他打开了一扇通往未来之门。有些人看到希望，开启了探索和开拓之路。探索的冲动带来巨大成就的同时，也造成了令人难以置信的破坏。还有些人因此害怕了，打起了退堂鼓。

区块链就是我们的新世界，我们对它的反应和态度将决定我们未来的处境。哥伦布起了探索新大陆的头，紧随其后便是大范围的文化灭绝。技术往往遵循同样的轨迹。或许这次，我们能继续前进，探索这个新世界，而不以破坏现存最美好的事物为代价。

加文·伍德（Gavin Wood）是一位身材瘦长的英国人，在21世纪初比特币问世之前，他就参与研发了分布式账本系统。他把区块链简单描述为“一台人人共享的电脑”。每台与区块链相连的电脑都能共享区块链上的交易记录，因此越南农村的有机棉农就能像伦敦时尚界的总裁那样，成为区块链的管理者，以更先进的方式销售棉花。在这方面，区块链类似于传说中的古代“公地”——人人都能放羊的公共绿地。但与这种共享绿地不同的是，区块链不会引发经济学基础课程的学生所熟知的“公地悲

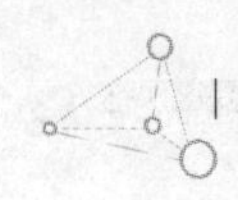

剧”—— 当城镇社区的某位成员为了谋取私利，试图开采公地的牧草，破坏邻居之羊赖以生存的牧草生态时，公地悲剧就会发生。

理论上讲（在区块链得到更广泛应用之前，以下内容不会得到绝对证实），除非获得对验证交易的区块链计算能力51%的控制权，区块链的参与者几乎不可能通过操纵区块链来获取更大利益。但如果这真的发生了，那么入侵者就能屏蔽所有人，甚至窃取加密货币。

多年来，许多人担心“51%控制权的攻击”会威胁区块链的安全，但威胁从来没有发生过。然而，2017年以来，少数小型替代币区块链被成功攻击。因为这些小型系统验证交易的节点较少，所以购买或租赁足够的电脑来击垮它们相对容易（不过肯定没你想象的那么容易）。不过，大型区块链仍然百毒不侵，而且人们也在努力研究安全解决方案。

拥有计算设备的任何人都能成为公共区块链上的节

点，这就降低了区块链的进入门槛，使加入区块链“公地”比进入互联网上的许多“房间”更容易。你不用请求公共区块链的访问权。即便是为了保护隐私而控制信息获取的“私有”区块链，将来也会提供前所未有的访问便利。

随着区块链不断发展，分布式网络的独特功能将改变我们的思维。历史上，人类从未以分布式的方式反复做过重大决定。有了区块链，我们将变成蜂巢。

1981年，美国波普艺术家詹姆斯·罗森奎斯特（James Rosenquist）创作了名为“高科技与神秘主义：一个交汇点”的系列版画（共七幅）。那时，互联网尚处于阿帕网（ARPANET）的诞生阶段，珍稀的数字艺术还是遥远的未来。尽管当时区块链及其技术还未经证实，但分布式思维已在人群中蔓延开来。罗森奎斯特以诡异却又欢快的油画风格著称。他的油画描绘糖果色背景上的手枪、席卷大帆布的鲜艳口红、喷气式战斗机、意大利酱面及约翰·肯尼迪。画面相互重叠，支离破碎，引人入胜。当年还是青少

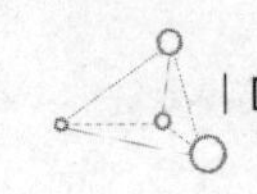

年的我，初次见到这些画，便对着那幅《F-111战斗机》足足盯了20分钟以上。

罗森奎斯特的油画具有儒雅的政治性，而“高科技与神秘主义”系列版画则是对技术和人性的深刻沉思。分布式系统有软线、硬数字和圆圈等各种形式，它们像节点一样，在人类和动物的失真图像上层层叠加。当时，非专业人士刚刚学会使用电脑。罗森奎斯特似乎意识到，数字时代即将到来，而神秘主义者与分布式系统之间似乎存在着某种联系。

神秘主义者一直在研究无等级世界，寻求智慧及与上帝对话。有些苏非派[1]人士在冥想中跨越维度，与来世交流——尽管他们认为，这种神秘的来世“一直在这里”。灵魂、祖先、自我和他人之间始终保持着直接交流。像圣女大德兰（Teresa of Avila）这样的基督教圣徒和殉道者，也在其他地点表述过类似的“节点”联系。

1　译者注：伊斯兰教神秘主义派别的统称。

记得有一次，我和一位名叫埃内斯托（Ernesto）的高地萨满前往厄瓜多尔的亚马孙丛林，与当地萨满会合，共同医治一位在自己村子里病倒的舒阿尔族萨满。这是一场堪称史诗的长途跋涉——我们乘坐了小型飞机和独木舟，最后徒步抵达村庄。这位受人尊敬的萨满侧躺在地，奄奄一息，靠一撮小火苗取暖。

几位低地萨满收集了葡萄藤及其他材料，准备制作神圣的死藤水。这种药剂效力强大，萨满服用之后就能进入另一个维度，寻求解救生病兄长的方法和智慧。夜幕降临，萨满们围成一圈，唱起圣歌，少数几人敲鼓助兴。每位萨满都穿着各自族群的传统服饰。他们均为男性。小葫芦里盛着又黑又苦的死藤水。萨满们喝下了死藤水（我拒绝了）。过了一会儿，有些萨满开始在森林空地边缘呕吐。黑夜中仅有的亮光来自火苗和一盏悬杆灯笼。

生病的萨满依旧侧躺，其余的萨满围着他，吟诵、祈祷、歌唱。我看着他们，不知不觉，一两个小时就过去了。

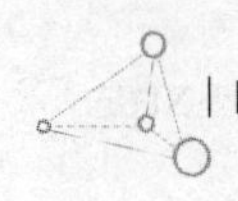

突然，几位萨满的身上出现了一道荧光绿线，线上的节点周期性地闪烁着——就像凯斯·哈林（Keith Haring）画作中的线条，在黑暗中移动，形成几何图形。萨满行走时，身上的绿光也形成了点状轮廓。我没有喝下一滴死藤水，却被光线几何般的移动深深吸引，一再感到振奋。

欣赏着詹姆斯·罗森奎斯特的版画，我仿佛又看到了萨满身上的线条。罗森斯奎特的系列版画使用的正是这种分布式系统。自然界中不乏分布式模式。例如，红树林和白杨林通过地下的根相互连接交流；庞大的椋鸟群在傍晚的天空中形成令人吃惊的图案，组成一个小群的7只鸟相互交流——一只鸟触碰相邻群鸟中一只的翅膀，小群就会改变形状，随着小群形状相继改变，整个椋鸟群的形状也会随之改变。区块链的分布式系统也使用了相同的模式。

BLOCKCHAIN

The Next Everything

第二章 | 区块链的工作原理

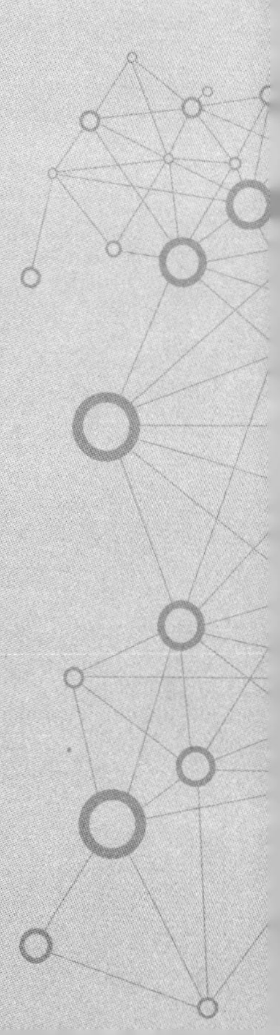

链式结构

到 2025 年，区块链的商业附加值将略高于 1760 亿美元；
到 2030 年，将超过 3.1 万亿美元。

——来自高德纳咨询公司分析师的预测

第一个区块链设计于2008年，这也是目前最著名的区块链，其目的是支持比特币。比特币是一种数字加密货币，其发明者是一位隐世的神秘网络高手。起初，人们认为区块链只不过是代码的堆砌，没人看好它们成为应用广泛的工具。可正是这些不起眼的代码成就了比特币。然后人们很快意识到，区块链平台将会支持惊人的创新。现在，各种区块链被广泛应用。替代币、时装公司、沃尔玛超市、艺术家、迪拜政府、猫图收藏家、濒危红杉保护者、衍生品交易员等都在使用区块链。人们还在研发更多的区块链。只要想创造，想创造多少，就能创造多少。

作为整体，所有区块链又称为分布式账本技术。

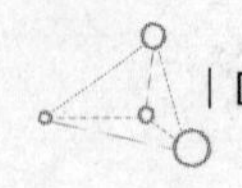

区块链空间由数个主导平台控制，其中包括比特币交易平台。例如，超级账本（Hyperledger）是IBM企业区块链团队使用的一个基于Linux代码的无硬币平台。该平台不依赖硬币，其区块链通常是“封闭的”或局限于特定的业务团队，以便维护隐私。再如，以太坊使用以太币（Ether）进行交易。同为主导平台，以太坊“更酷”，但超级账本更受老牌企业的青睐。两个平台没有理由不与其他平台共存。目前，区块链联盟正努力建立标准，让各种平台无缝交流。区块链平台合作，意义重大。

一般来说，区块链并不存储实际内容。你的数字文档、音乐、图像、合同及其他交易项目都用“散列”表示，也就是一串64个字母和数字的加密代码。原始文档或可视文件都被保存在区块链以外。散列可视为每个项目的拇指纹手印。

要想创建散列，得将数据（照片、绘画扫描、PDF、Word文档或金融交易）输入一个名为“散列生成器（Hash Generator）”的程序。用谷歌搜索“256 hash”，就会弹出散列生成器窗口。在窗口内输入内容即可。

例如，输入abc（小写字母），你将得到以下散列：ba7816bf8f01cfea414140de5dae2223b00361a396177a9cb410ff61f20015ad。

在世界上任何地方、任何设备上输入abc，都会生成同样的散列。只要是数字信息的采集，都适用于这条规律。输入完全相同的数据，生成的散列也完全相同。这意味着同一份手稿，在不同时间、不同地点进行散列，生成结果都是相同的64位代码。

输入ABC（大写字母），你将得到以下散列：b5d4045c3f466fa91fe2cc6abe79232a1a57cdf104f7a26e716e0a1e2789df78。

这串散列与小写abc对应的散列完全不同。这样做是为了确保信任。要想检查数据（如数字土地所有权）的有效性，只需散列相关文件即可。如果散列结果与原始数据不

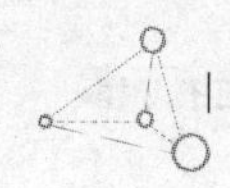

符，则说明数据已遭篡改。哪怕只更改文档中的一个字符或空间，也会生成完全不同的新散列。

只要连上物联网（Internet of Things，简称IoT），区块链操作系统就可以在电冰箱、燃气表、电动车等任何计算设备上运行。随着人类步入未来，越来越多的无生命物品将与互联网相连，这就是物联网的概念。为方便理解，可以举例说明。比如，当冰箱需要储存食物，或电动车储存的额外电能可以卖给电网时，区块链技术能让这些智能物品相互交流，甚至通过自动化的智能合约彼此支付服务费，而无须人为干预。

从某种意义上说，区块链上的所有这些节点——电脑、电话、电冰箱、电动车——在互联网上连接为一体，形成一个更大的计算设备。而区块链技术就存在于这个大设备的所有角落和缝隙中。这就是计算机相互连接所形成的“银河系”。

这一切听起来很复杂，其实，你可以通过手机轻松使用区块链，并利用智能合约记录金融信息、艺术品、法律程序、产品原料、身份证及大量其他信息。数据一旦输入区块，且区块盖上电子印章，就不能更改。[1]你所记录的一切都成为永久记录的一部分。[2]例如，你可以记录自己对新电影的看法，而你写下的每句话在区块链上都会表现为盖上时间戳的散列代码，记录在包含其他人交易数据的区块上。影评是你创作的，别人无从质疑。它将永远保留，供世人浏览。如果你想更新影评，可在新的区块上输入新版本。新旧版本将相互参照，形成对比。记录会在区块链的全部节点上复制和更新，形成易于查看、无可争议的新记录，而无须中介（如作家协会或版权律师）干预。

创新企业家已开始利用区块数据不可更改的特性造福人类。这些企业家在医疗保健、金融、全球转账、财产所有权、可持续行为、男女相亲、文学、供应链、常客飞行

---

1 不过，开发人员目前正在想办法研发服务于特定用途的“可编辑”区块链。

2 我的初中校长曾告诫我，如果我不学乖，那些恶行记录将如影随形地伴我一生。区块上的“永久记录”亦是同理。

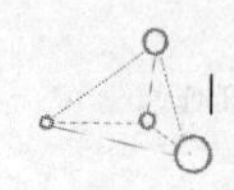

里程、食品安全等诸多领域颇有影响力。这种特性有潜力使人类生活更安全、更富裕、更高效、更健康、更平等。让我们拭目以待吧。

在著名电视剧《波特兰迪亚》（*Portlandia*）的一集里，彼得（Peter）和南斯（Nance）想点一份烤鸡，但首先得确定鸡是否货真价实。服务员说，这只鸡是林间放养的传统品种，以羊奶、大豆和榛果为食，因此体型丰腴。在宰杀为盘中餐之前，她递给彼得和南斯一叠关于这只鸡的文件。这只鸡名叫科林（Colin）。“这只鸡有同伴吗？”彼得问道，“它以前能像同伴一样自由飞翔吗？鸡农是怎样的人？”女服务员发火了，表示自己并不知道科林的这么多私密细节。最后，彼得和南斯离开餐桌，亲自开车前往农场一探究竟。有了区块链，他们只需查看手机，就能解决这些问题。[嘉吉农业公司（Cargill）就运用区块链技术，使人们了解公司所售土鸡的原产地。]

通过分布式应用（Dapp，“D”代表分布式），区块链能协助人类完成很多重要任务。分布式应用构建在区块链的虚拟层上，用途广泛。举个例子，分布式应用就如同基于区块链系统来展示售房照片的房地产公司网站。这样，非技术专业人士使用区块链时会感觉更加直观，这和万维网使本为枯燥代码的互联网变得直观生动是同一个道理。优质的分布式应用能从以下几个方面造福社会：

◎ 实现无中介（如经纪人）、人对人的直接交易。这种交易关系亦称“点对点连接”，能催生真正的共享经济，消除人们对爱彼迎（Airbnb）等大型集中化公司的需求。

◎ 把有形资产（如出租的楼盘和毕加索画作）的所有权分割为小块、易于交易的价值单位。这样，原本专属于精英的资产便可人人共享。

◎ 保存真相——历史参考资料一旦输入区块链，就不得更改（每件事实的真实性需在输入前进行验证，验证证明将一直伴随历史信息）。

◎ 使人们以低成本或零成本兑换货币。

◎ 使人们拥有自己数据的所有权和销售权，而非将数据免费转让给脸书等巨头或保持私有。

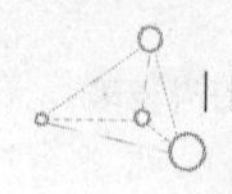

- 保存不容置疑的个人身份信息。
- 使企业监督供应链，确保供应链全程透明。
- 消除官僚干预，提高企业和政府的效率。
- 维护知识产权和实物所有权。
- 发展惠及全球的可持续资本主义经济。

区块链似乎具有无限潜能。

谈及区块链的潜能，“似乎”是个关键词。有本参考书介绍了区块链改变世界的潜力，初读这本书时，我就立刻迷上了这项技术。区块链技术被誉为“万能药”，能解决金融不平等、核军备竞赛等各种问题。从那时起，我就开始深入研究区块链技术。研究结果表明，区块链并不像我们期待的那样简单，也没有立竿见影的变革作用。

人们对区块链的呼声日益高涨，随之而来呼吁警惕区块链的声音也越来越大：区块链技术并不像人们期望的那样易于扩展，无法足够快地处理交易，也不像大多人说的那样安全、不可更改。有人认为，掌控未来创新、保守创新秘密的大公司会篡取区块链。但维护区块链的方法非常耗电，因此这种说法站不住脚。还有人认为，加密货币是旁氏骗局。最重要的是，随着区块链成为主流，人们发现它们比想象中难理解得多。

智能合约是区块链的一个特征，既能激发乌托邦式的思考，也让人担心区块链永远达不到炒作中描绘的完美程度。我无法精确预测这些自动执行的算法合约是否真正可靠或足够简单，能让机器相互沟通，代人支付服务费，开启商业和社会创新的新时代。但我真切希望它们做得到。

我向来不喜欢签合同。对我来说，这不过就是握个手，凝视对方的目光。我见过有些人违约却不受惩罚，我也签过各方完全无视的合同。我还见过有些人蛮不讲理，强制执行合同。比如有一次，一家警报系统公司坚持要我继续支付服务费，可我那时房子都已经卖了。我喜欢凭直觉行事，不管有没有签合同，只要对方与我达成协议，我就信任他。

那么，我为什么对智能合约如此兴奋呢？

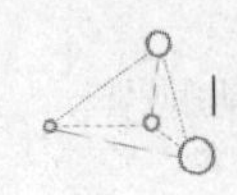

首先，名字起得棒。与大多数区块链相关的命名相比，“智能合约”尤为出彩。其次，智能合约将简单明了的区块链账本转变为能达成自动化协议的革命性工具，这样商业活动、个人活动和社会活动就不会因官僚僵局而放缓。再者，从理论上讲，智能合约完全值得信赖，因为合约一旦编入程序，人类、法院或其他摇摆不定的机构就不必参与合约的执行。

理论上，智能合约体现了人们对区块链的乐观态度。它恰如其分地诠释了什么叫无须担保的绝对可靠。但实际上，智能合约仍存在安全问题。2018年的一项研究发现，以太坊智能合约的失败率为3%，在某些情况下可能导致亏损。这一点不容忽视。好在，许多人正努力解决这些问题。如果事实证明，这些合约正如许多人相信的那样可靠（尽管有人严重反对），它们会淘汰许多爱彼迎之类的大型中央集权的公司。

例如，如果你想在圣菲租一间小屋，休假一周，那么在你认为房东和房子满足期望之前，你支付的租金将由智能合约暂时代管。决定租房后，智能合约将自动释放租金。如果你待得过久，超过约定租期，智能合约会与你商议新条款，或把你锁在门外。你离开时，合约还会通知房东，并为下一位客人重置门锁密码。租赁全程没有信用卡介入，只有低廉的支付费用和简单的点对点交互。

智能合约能读取电表，当太阳能发电机释放足够电力给汽车供电时，电表就会通知智能合约；这样，智能合约就能监控汽车下载电力的过程，把车主账户里的钱打至太阳能板主人的账户，全程无须任何中介或信用卡。

假设我是序言中提到的刚果（金）钶钽铁矿的主人，我给你50千克铁矿石，你打算卖给制造智能手机的苹果公司。你一旦接受铁矿石，你的钱将通过代管的智能合约释放给我，但前提是得证明钶钽铁矿是可持续开采的，不会伤害猩猩或其他重要的森林要素。此外，苹果公司透过一份远在供应链上游的智能合约，可以看到有多少钶钽铁矿石进入了市场，而另一份智能合约将自动提升苹果公司的生产率。与此同时，刚果（金）政府还能追踪铁矿石的产

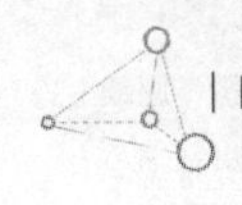

地和流向。有了高效的智能合约，人们便不再需要那些将纸质文档或数字文件沿着供应链一级一级传递的烦琐旧系统了。

智能合约的终结性和确定性有些残酷，这将考验社会上许多人（包括我）的耐心。虽然智能合约的条款可以协商，但它们也是严格、机械的。你没法敷衍了事——例如，明明过了退房时间，你却违约，在客房中多待了几个小时，这时你就必须按合约条款承担相应责任。虽然在我看来，这虽限制了人类的自由，但却有个巨大的好处。当你用清晰的自动化合约约束自己时，你会清楚自己该期待什么，以及别人对你有何期待。合约规定了言行的明确界限，能让你远离法庭，避免不快。

智能合约虽有可能减少诉讼律师的需求量，但必定会增加合同律师的需求量，以确保先创立智能合约，再将合约运用于区块链。

目前，世界上大多数商业活动保密性极高，而区块链技术则有可能使这些活动彻底透明化。这样，区块链的所有参与者（理想情况下，世界上的每个人）都能查看区块链上的每条交易记录。这也意味着，非洲象牙海岸的小型棕榈油生产商能跟踪自家农场棕榈油的流向：从产地流向区域整合商，再流向加工商、运输商、托运商、美国报关行、费城的包装商，最终流向曼哈顿销售棕榈油的杂货店。从货架上购买一罐有机棕榈油的顾客，也能通过区块链确保棕榈种植过程中并未使用杀虫剂。这种开放性使生产商能够沿着供应链，索要公平价格。它还赋予供应链上的每个人数据访问权，以此改善产品，提升销量，或改进分销和营销策略。这样，供应链就变为一条数据共享的伙伴关系链。

有私有区块链，就有公共区块链，二者的运作方式恰如其名。纯粹主义者、加密无政府主义者及其他区块链狂热分子普遍认为，私有链违背了区块链公开性和透明性的原则，不够彻底。公共链如同公办学校，对所有人开放。而私有链就好比常青藤联盟高校的私人俱乐部——你必须先收到邀请，才能加入。私有链主要用于商业人士所称的

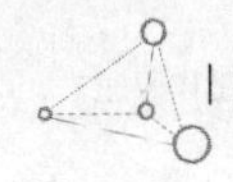

企业。如果你有一家大型老公司，又想保护供应链的隐私，那么你会把供应链置于许可链之上。IBM就运用超级账本架构（Hyperledger Fabric）帮助很多大型公司设置了这样的区块链。许可链的主要缺点与私人俱乐部的问题类似：你很少与朋友圈外的创意人士交流，因为他们不会跟你吃饭。在私有链中，成员只与内部人士对话。

不过，有些公司想对自己的供应链保密，医疗保健公司想最大限度地保护病人隐私，还有些人或机构尚未接受现代透明化运动。对这些机构和人来说，私有区块链颇具吸引力。

公共区块链的美妙之处在于它们透明，对任何人开放。这意味着即使参与者的身份隐藏在允许他们收发交易的公钥加密代码之后，一切交易也都是可见的。这完全取决于节点自身想释放的信息。

随着越来越多的企业接受区块链，有人担心区块链会丧失自身不受政府干预的自由精神。这种担忧合情合理。

以前，人们也为互联网、万维网等其他技术担忧过。但如今，这些技术与商业领域并非全然相斥。不过别怕，公共链会一直由大众掌管，企业无权插手。大众就是一个个参与节点，控制着公共链。老实讲，我不得不承认，我们尚不知这一切将如何发展。但可以肯定，企业、政府的监管重点将转至私有链（以及公共链的金融事宜）。我不太谦虚地认为，面对各种审查或保护伞式的包庇企图，区块链技术自然会以智取胜。

许多人认为，与传统的层级式供应链相比，区块链上的伙伴关系供应链更有潜力释放创造力。此外，区块链具有降低保密需求的巨大潜力。要接受这一点，首先得有信念上的飞跃。但许多人现在认为，未来几十年内，区块链的透明性将促使企业蓬勃发展。

合作无间将不再只是梦想，因为企业能从其可能从未接触过的距离遥远的资源中轻松获取想法和解决方案。无论是独行侠，还是一群人，都将以更简单的方式分享观点，携手合作，甚至在问题还未被提出时就已经想到了答

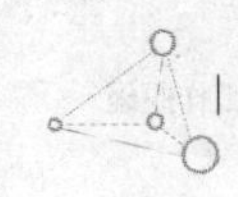

案。在这个过程中，中央集权的公司必将“放弃”权力。这将是艰难的一步。但在放弃中央集权的过程中，公司会了解前所未有的分散式和分布式知识。

从东海岸到西海岸，区块链狂热分子遍布全美，尤其是纽约。它的生态系统吸引了形形色色的极客，从社会正义斗士到趁植牙间隙玩加密货币的牙医，不一而足。一天晚上，我一边翻看区块链交流会的列表，一边开始思考自己是哪一种区块链狂热分子。我没想到，自己会对区块链技术如此着迷。我并不是痴迷型人格。所以，我决定散个步，清醒一下头脑。

我从切尔西区的家里出发，前往麦迪逊广场公园。一路上，我不禁思考，为什么曼哈顿的街区依旧界限分明？为什么同为中产阶级街区，切尔西区与福莱特艾恩区（或称“熨斗区”）如此不同？尽管人们纷纷议论纽约可悲的同质化现象，但在福莱特艾恩区，我仍会看到成堆的垃圾袋、各式涂鸦及人行道上各种古怪之人。四处弥漫着大麻的气味。难道纽约人都是瘾君子？如果每个街区都是巨型区块链上的区块，那会怎样？如果所有数据——居民——都登记于各自的区块上，并且每个街区都互相关联，那会怎样？如果上述知识存储在每个纽约路人的大脑中，而那些并非系统节点的人会被当作虚假的演员，甚至被逐出城市，又会怎样？如今，在这座城市，大麻就是区块链的比特币。

哇！走进公园，我意识到，区块链已完全刻入我的脑海。我沉迷其中，成为不折不扣的狂热分子。

有一日，我在《纽约时报》上读到一位名叫凯文·阿博什（Kevin Abosch）的艺术家的故事。他声称，自己要为曼哈顿的所有街区设计区块链通证，收藏家可以以每枚几美元的价格买下通证。好一笔交易！这位艺术家已发行一万份街区通证，收入相当可观。

信用操作系统

信任始于真实，止于真相。

——桑托什·卡尔瓦[1]（Santosh Kalwar）

1　译者注：桑托什·卡尔瓦（Santosh Kalwar）是一位计算机科学家，同时也是一名作家、诗人，著有多本著作。

对我消逝多年的青春来说，信用操作系统是一项完美的技术，因为该技术表明，我们目前对权威的信任是盲目的。我为什么信赖大通银行（Chase Bank）？因为从银行人员收取服务费的方式到他们设计网站界面的方式，一切都表明这家银行的运营完全基于私利，而我，只是助它成功的小人物。然而，年复一年，我始终选择大通银行，是因为其他银行仿若大通银行的翻版，只是logo（标识）不同罢了。

区块链上的记录不可更改，因此无须大通银行这样的“权威”来确认交易。无论何时，只要发生交易，区块链就会记录下来，这样所有访客都能看到交易记录。你可以保持匿名，但你的交易不能。因此，区块链就好比一台自

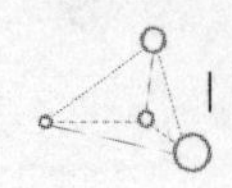

动发电机，维系着人类之间无条件的信任。之所以“无条件”，是因为信任并非必需品。一切均由算法担保。有了信用担保，就不必担心欺诈。这种无拘无束的信任感，现代人甚少体会。

如果你使用比特币、莱特币或其他货币进行交易，区块链就会记录交易。如果你把一匹马卖给邻居，区块链也会记录下来，从而确立新的物主关系。邻居还能将马的价值中的某个部分卖给另一位邻居。你只需查看记录便可确认交易，而无须（花钱）求助上级部门。

这种简单的碎片化所有权以根植于区块链交易的机械信任为基础，将会引领巨大的经济变革。目前，要将一栋公寓的所有权做成股份制，需要律师、经纪人、银行家等人共同参与，费时费钱。而区块链上的智能合约和加密货币却能简化所有权碎片化及股票交易（甚至最小的股份）的过程。租客每月可购买25美元代表公寓价值的比特币，然后逐渐确立真正意义上的所有权。这不仅会给租客带来经济回报，还能增加租客对公寓的自豪感，从而更加爱护公寓及公共场所。

曾与会计共事，做过商业计划，或每天记录卡路里的人都知道，真相是可塑的。从某种意义上说，我们都在操纵真相，使其满足自身的需求与欲望。区块链挑战了这种思维方式——进而撼动了整个社会的根基——因为区块链能保存交易证据、创建行为及历史记录。假设我从事钻石行业，有位供应商明明供应的是血钻，却极力隐瞒事实，我给老板发电邮揭露供应商的行为，这封电邮将永久保存在区块上。没人敢否认，这封信当时已成为“证据”。与普通电邮不同，这封电邮在区块链上的登记信息不容篡改。

同理，如果将供应链纳入区块链，我们将对钻石流通的每个环节了如指掌。在旧系统中，钻石供应链的各个环节——开采、运输、切割、镶嵌、销售——各自记账，难以协调，自然也就易受欺诈。而在区块链中，录入的信息不得更改，且各参与方都能看见（有些是公共链，有些是企业内部的私有链）。

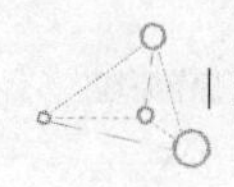

这已经成为现实。三家公司——芙拉钻石（Fura）、珠宝鉴定平台（Everledger）及戴比尔斯钻石（DeBeers）正在创建区块链，用来跟踪钻石从开采至销售的全过程，防止非法的血钻交易。钻石在供应链源头就验证合格，质量毋庸置疑。质检合格证输入区块链后，会跟随供应链上的每颗钻石一起流通。

在分布式区块链系统中，每个参与者都在确认交易和信息的有效性方面发挥作用，都对系统安全做出贡献。孟买的花生小贩只需一部5美元的智能手机，就能在区块链上拥有一个数字钱包，还能和曼哈顿的私立学校教师一起就智能合约的结构进行投票。单个节点可选择其他节点代表自己做出决策，或者就眼前的各种提议（如支付何种股息、进行何种投资）进行数字投票。有了区块链，穷人无须经银行及其他中央集权机构批准，就能获得金融交易权。没有人被市场拒之门外，供应链底层员工也更了解顶层的情况。

有了区块链，资本主义便找到了新出路。梅兰妮·斯万表示，我们都将成为使用区块链经营自己世界的加密公民。遇到问题，我们将向自己和区块链上的其他节点寻求答案，而不再求助于目前控制我们生活的“守门人”。

对于信任，每个人都有自己的定义。如前所述，许多人用“免信任”这个词来描述区块链。信任和免信任是同一枚硬币的两面。大多数人可能从未定义过“免信任”。乍一听，这个词和“不值得信任”一样带有贬义色彩。然而，就区块链来说，免信任是最值得信赖的状态，因为信任是根植在区块链里的，不再需要人们自发产生。

几个世纪以来，我们一直使用复式记账法。该记账法由埃及的阿拉伯学者率先使用，后被中世纪的犹太商人和高丽数学家相继使用。但直到15世纪末，欧洲人才广泛使用复式记账法。

1458年，杜布罗夫尼克旧城（时称拉古萨）的贝内迪克特·科特尔捷维克（Benedikt Kotrljević）出版了一本介绍复式记账的书。他指出，交易一旦发生，就有了借贷双方，借贷两栏必须始终相配，否则就会出现错误。例如，某一物品买卖双方的账本都能反映这笔交易及转账过程中的任何差错。理想情况下，复式记账体系有助于建立信任，也能使各方更全面地了解每笔交易。

1494年，李奥纳多·达·芬奇的好友、方济各会修士卢卡·帕乔利（Luca Pacioli）出版了一本详细的复式记账法指南，因此许多人称他为“会计学之父”。美第奇家族及其他商人家族接受了分布式账本系统，并用其创建了一套信用借贷体系，从而创造了巨额财富。在随后的500多年里，复式记账成为世界上所有经济体制的基础。

这种信任不是免费的——当事人需支付中介费（这些中介包括经纪人、银行家及其他中介方，他们沿袭了美第奇家族的传统，为交易提供证明）。仅在美国，四大会计事务所2017年的总收入就高达550亿美元。现在，无数会计和记账员坐在电脑前，试图将他们的分类账报表与银行报表、销售报表及其他公司的报表进行核对，以确保一切运转正常。他们之所以这样做，是因为信任止于账本真相，他们无法确认对方记账的可信度。

2008年金融危机期间，人们发现雷曼兄弟（Lehman Brothers）等公司存在隐瞒债务、夸大资产的欺骗性会计行为。看看安然能源公司（Enron），再看看麦道夫公司（Madoff）。其实，这些公司拥有两套或更多账本，而且使用篡改过的账本极力展示自己“好”的一面。它们之所以敢这样做，是因为传统的复式记账录入的资产和交易信息是可变的。

有了区块链，人们可以进行更细致的会计记录，并且记录永久有效、便于核查。公司可以在区块链上记录包括子账在内的各项交易，例如在相关交易中他方欠公司多少钱，公司欠他方多少钱，以及确认当前交易可行性的其他有用信息。每笔交易始于一份保存于区块链、各方可见的独特合同。区块链会跟踪合同执行过程中出现的任何问题，使交易各方清楚地看到任何交易的好坏状况，跟踪所有交易货币。其实，区块链还可以对旧的复式记账系统进行查验。

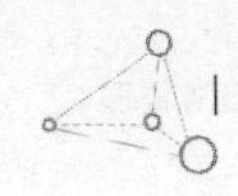

为了简单起见，区块链称其为“三式记账法”[1]。“三”是指借方、贷方和验证方。每笔交易在成立时就征得了各方的同意。没有怀疑，没有困惑，没有欺骗，也没有安然和麦道夫之类的篡改行为。这种免信任（意思是信任不再必要）成本不高，仅包括区块链上的交易成本，不包括银行手续费、代理费和保险费。

去中心化的三式记账法能催生多种新的业务方式。目前，“守门人”不仅控制了资金和信息的流动，还抑制了思想的传播。我认为，这未必出于故意，而是控制的副产品。未来，节点之间的信息交流更加顺畅，以前亚马孙河流域未接触过银行的农民可与玛瑙斯（巴西西北部城市）的经销商分享营销产品的好点子。有了分布式区块链网络，过去通过中央集权机构不可能完成的交易（包括思想

---

1 我希望大家都认识一下日籍会计学家、斯坦福大学和卡内基梅隆大学教授井尻雄士（Yuji Ijiri）。这位在会计圈内鼎鼎有名的专家在1998年发表了一套名为“三式记账法的框架”的复杂理论。如今，他的理论多用于探索区块链上的记账法，但三式记账法目前的使用状况并不完全符合这位定名者当初的想法。2017年，井尻雄士悄然离世。对于未深入从事会计工作的人来说，他的一生默默无闻。我也没找到他对区块链或加密货币的公开评论。

交流）都更容易实现。

坦白讲，尽管我支持区块链，但我知道各种区块链账本上的信任信息都存在一个大问题，即如何保证源头信息的正确性？显然，一旦信息保存在区块链上，所有涉及该信息的后续交易都将基于原始记录，准确无误。但如果原始记录是假的，该怎么办？

“垃圾进，垃圾出”的问题，在区块链上依旧层出不穷。区块链没有确保链上信息首次保存时就准确真实的内置工具。例如，农民可能会罔顾事实，谎称自己拥有一批有机菠菜。这样，这批菠菜会欺骗整条供应链上的买家，直接进入消费者的嘴里，而无人知晓其中的差别（不过，如果你因误食带有感染病原体的菠菜而生病，区块链能帮你轻松追踪这批问题菠菜）。

在目前的系统中，“垃圾进，垃圾出”的问题使我们亟须独立的外部机构来认证货物的来源。幸运的是，可靠的标准组织现已覆盖大多数行业。这批菠菜需经过美国农

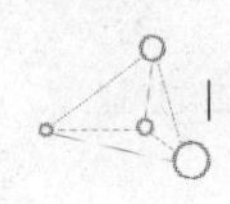

业部（USDA）认证机构的验证，有机棉农可能会接受有机物标准机构（Organic Content Standards）或全球有机纺织品标准机构（Global Organic Textile Standard）的认证。同理，如有需要，标准组织还能验证法律文件及其他文件的真实性和准确性。很多时候，文件信息的可信度是由在区块链上保存文件的个人或实体的声誉决定的，信誉始终是关键。

IBM设计了一种小型可读的“DNA”片状元件。这种元件可进行信息编码，放入成捆货物中，在配送路线的每个交货点“读取”信息，这样货物就不会被便宜货调包。一家名为“尘埃（Dust）”的公司用钻石尘埃创造了一种可用独特代码永久标记任何物品的“指纹”。更富前景的创意亦在酝酿之中。

我承认，对于某些区块链服务来说，“垃圾进，垃圾出”的确是个问题。但我相信，区块链系统就是为鼓励诚实行为而设计的。这是因为尽管数据永久保存在区块链上，但原始记录修改后的数据一旦输入，也会永久保存在区块链上。因此，如果某人的数据被认定为假数据，就会被区块链盯上并记录在案，从而损害交易，还可能损害登记者的名誉。不诚信的经纪人一旦浮出水面，全世界都会知道，从而不再信任其未来的交易。这个例子再次说明，信誉是关键。

区块链上一旦发生交易，交易的产品、货币或知识产权未来的一切交易都将引用过往的全部交易记录。这也是比特币无法在两个地点同时使用的原因。人们设计区块链系统，就是为了促进良好的交易行为。

人机互动赋予信任新的维度和意义。区块链狂热分子提出的一些观点会让其他人感到愤怒、怀疑，或者让人觉得这些观点是愚蠢的，甚至根本就不能理解。

假设你和几位朋友买了一辆自动驾驶汽车，然后把车加入计算机网络，一头连接需要搭车的乘客，另一头连接需要车费的汽车。优步（Uber）和来福车（Lyft）通过集中化网站连接顾客与司机，而你却给汽车设立了智能合约，

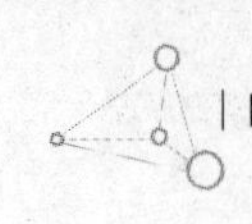

让汽车自己运行。你认为总有一天，汽车会以不错的价钱从你这买走自己，而你也不必再去想它。在区块链网络中，汽车与所有顾客直接相连。有人召唤汽车时，汽车就会搭载乘客，带他驶往目的地。到达目的地后，区块链网络上的一串代码会从乘客的账户里自动扣钱，支付车费。随后，汽车自己驶向电动汽车充电站，充满电，再由另一串代码支付服务费。

只要轮胎不瘪，自动驾驶汽车每日会花7个小时“乐此不疲”地搭载乘客，偶尔会在洗车场小憩一番，把车内清洗得干干净净；否则，区块链背后的算法就会联系修理店，让修理工或机器人前来修理轮胎，同样，一串代码会向修理店付款。最终，这辆车在银行账户上积累了一大笔钱，实现了自我管理。自动驾驶汽车以令人难以拒绝的好价钱从你手中买回自己，然后继续工作，省下几乎所有收入（它不需要拿铁咖啡、飞机票、医疗保健或鲜切花），很快就有足够的钱购买另一辆自动驾驶汽车。没错，车买车。然后，旧车让新车买下自己，不断重复同样的流程。最后，这辆自动驾驶汽车让数百辆自动驾驶汽车加入了区块链网络，平等地参与网络运行。这家公司会让人感到恐惧，还是获得信任？

这些汽车、区块链和智能合约尚未成熟，不足以运行一个成功的去中心化自治组织（DAO）或分布式自治公司。虽然我对去中心化自治组织有朝一日能否成功尚且存疑，但我深信，分布式网络会改变我们未来的经营方式，因为它们好处太多，不可能被忽视。

分布式和分散式网络的一个显著优点在于，它们比其他网络更能抵御攻击。原因如下：

这两种网络涵盖了数十、数百甚至数千台设备，因此不会轻易崩溃。

同理，它们更难遭受黑客入侵。

它们富有弹性，因为如果一个设备或节点出现故障，其他设备或节点会收拾烂摊子，弥补该缺陷。其实，所有

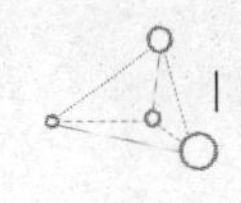

节点共享数据时，除了一个节点或设备，网络上的其他节点或设备都可被销毁，而唯一那台设备至少会在一段时间内保持数据的完整性，只需一台苹果（Macbook）或戴尔（Dell）笔记本电脑就能挺过攻击。

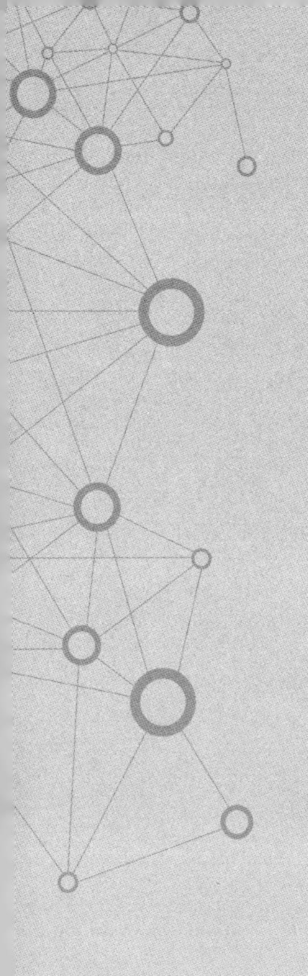

BLOCKCHAIN

The Next Everything

第三章 | 货币与创造

区块链背后的人

如果我们能恰当地解释区块链，这对自由主义者是很有吸引力的。
不过，相较于玩文字游戏，我更擅长写代码。

——**中本聪**（Satoshi Nakamoto）
2008 年 11 月 14 日

区块链是由一位工程师命名的，这可能是它最大的“败笔”。2008年，一位名叫中本聪的神秘人士发明并发布了比特币。而区块链作为他的智慧结晶，被这位神秘人士用作比特币的基础。当时，很少有人（如果有）看好区块链技术的实用性。我们无法询问中本聪在品牌塑造方面的真实想法——估计也不会有太多想法，毕竟他把新货币命名为比特币同样不怎么高明。这是因为自2011年以来，中本聪一直处在不与外界交流的离线状态。如果有人请我命名，我会把区块链系统命名为“萨托什（Satosh）”，把数字货币命名为“中本聪（Satoshi）”。但遗憾的是，没人请我这么做。

顺带一提的是，大多数费心思考比特币的人很快意识

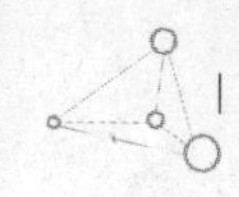

到，比特币一开始是一场骗局。中本聪很可能是个化名。为了清楚起见，我用“他”指代中本聪（Satoshi），尽管我们并不知道他的性别，也不知他是一个人还是一个团队。奇怪的是，中本聪的白皮书（一份简短的权威报告）解释了比特币背后的方法和理念，却未流露出对日语或日本文化的任何喜爱之情。相反，有些人认为，日语与英国上流教育背道而驰。目前，由于中本聪从未披露个人生活及住所，我们无从知晓真相。

2008年11月，中本聪在加密邮件列表（Cryptography Mailing List）上发表了一篇关于比特币协议的论文。文章开头如下：

比特币 P2P 电子现金论文

中本聪　星期六

2008 年 11 月 1 日 16:16:33-0700

我一直致力于开发一种全新的电子现金系统。该系统完全基于点对点（P2P）的交易，无须可信第三方介入。

论文网址：http://www.bitcoin.org/bitcoin.pdf

点对点（P2P）电子现金系统的主要特点：

点对点网络可防止双重支付。

无须造币厂或其他信任方介入。

参与者可以匿名。

通过哈希现金（Hashcash）工作量证明方式发行新币。

基于工作量证明的新币发行过程中，也同时阻止了双重支付的发生。

你仍然可以在线阅读这篇短篇论文的全文。白皮书刚发布时，除了一小群加密货币狂热分子，很少有人真正阅读过这份文件。这些狂热分子有足够的理由感到兴奋。1983年，大卫·乔姆（David Chaum）发明了首个数字货币——电子现金（Ecash）。1995年，他又发明了数字现金（Digicash）支付系统。美国国家安全局（National Security Agency）调查了无法被追踪的匿名数字现金的概念。1998年，尼克·萨博（Nick Szabo）发明了比特金

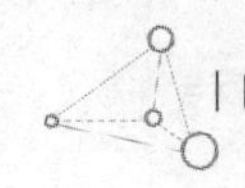

（BitGold）[1]，这与吸粉无数的比特币[2]异曲同工。与中本聪的发明不同，这些数字现金的早期形式并非基于分布式或分散式系统，而是都基于银行的等级结构。

2009年，就在白皮书发布后不久，中本聪向世界发布了任何人都可免费下载使用的开源比特币软件。

在比特币的早期，中本聪与其他人合作，改进了代码，极客们也开始玩转比特币。随后的几个月里，中本聪通过电子邮件与几位比特币开发者进行了沟通。但是，自2011年中本聪给麦克·赫恩(Mike Hearn) 及其他几位开发人员发了一封电子邮件后，没有人再收到过他的消息。中本聪选择让开发团队的加文·伍德运营名义上试图管理比特币区块链的非营利性组织——比特币基金会（Bitcoin Foundation）。赫恩说："他告诉我和加文，项目运营得

1 比特币不同于比特金。比特金（BitGold）是一种用于加密交易的加密货币。

2 许多人认为，中本聪的真实身份是尼克·萨博。但身为加密货币思想领袖的萨博对此予以否认。

当，他已经转而去做其他事了。”

许多调查记者试图找到中本聪“本人”，但尚无一人拿得出令人信服的证据。例如，2014年，《新闻周刊》（*Newsweek*）的记者沿着一系列线索，找到洛杉矶郊外圣加布里埃尔山脉一处住宅的前门。户主名叫多里安·中本聪（Dorian Satoshi Nakamoto），他给警察打了电话（警察也正奇怪，堂堂比特币的发明者怎会住在如此低端的宅子里），还雇了律师，并发表声明：“我没有创造、发明或研究过比特币。”他看起来不像在说谎。

奇怪的是，根据比特币区块链的公开记录，虽然据说比特币的发明者为自己开采了98万枚比特币，但这些货币竟无一枚被交易过。它们这么有价值，按理不该这样。

起初，这些比特币一文不值。但随着人们加入比特币论坛，他们开始自行议价。2010年5月，一位比特币所有者以“重度烟民（SmokeTooMuch）”的名字，试图以50美元的价格拍卖1万枚比特币。无人出价。两个月后，比特币的

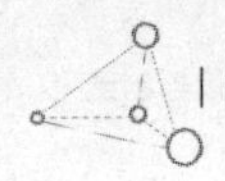

价值跌至每枚0.03美分。同月，一位名叫拉斯洛·汉耶茨（Laszlo Hanyecz）的加密狂热分子在比特币论坛上发帖称：

Pizza for bitcoins?

May 18, 2010, 12:35:20 AM

Merited by Seccour (50), alani123 (12), OgNasty (10), the poet (10), leps (10), mnightwaffle (10), arthurbonora (10), cheefbuza(7), d5000 (5), Betwrong (5), mia houston (5), klondike bar (3), malevolent (1), EFS (1), vapourminer (1), iluvbitcoins (1), ETFbitcoin (1), HI-TEC99 (1), S3cco (1), jacktheking (1), LoyceV (1), bitart (1), batang bitcoin (1), Astargath (1), coolcoinz (1), apoorvlathey (1), Kda2018 (1), TheQuin (1), Financisto (1), Toxic2040 (1), amishmanish (1), Toughit (1), nullius (1), lonchafina(1), alia (1), inkling (1)

我愿花 1 万枚比特币买几块比萨……最好买两块大的，这样剩下的可以留到明天吃。我喜欢剩一些比萨留到以后慢慢吃。你可以自制比萨，然后送到我家,或者帮我从外卖公司订两份比萨。但我只想用比特币付费，这样我就不必自己下订单或亲手准备。这就像在酒店里点一份“早餐拼盘”，服务员就端给你吃的，你很开心!

我喜欢洋葱、胡椒、香肠、蘑菇、番茄、意式辣香肠等等，就要常规的那种，不要奇奇怪怪的鱼或类似的浇头。我还喜欢普通的奶酪比萨，它们原料成本低，价格也便宜。

如果你感兴趣，请告知我，以便达成交易。

谢谢!

拉斯洛

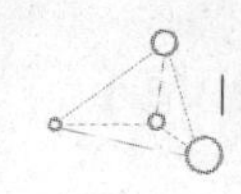

BC: 157fRrqAKrDyGHr1Bx3yDxeMv8Rh45aUet[1]

他如愿买到了比萨。当时购买比萨所花费的价值约40美元的比特币到2017年12月增值至近2亿美元，也就是说，每个比特币的价值上涨至近2万美元（为了说明比特币的极端波动性，到2018年8月末，这笔购买比萨的比特币的价值跌至6400美元左右）。比特币的升值催生出许多百万富翁。中本聪未花费的比特币价值高达100亿美元。它们的价值约为棒约翰比萨连锁店总市值的10倍。

---

1 2018年，拉斯洛使用闪电网络（Lightning network）再次购买了比萨。这次精心策划的买卖表明，比特币交易依旧是一种复杂的商业行为，因为拉斯洛必须把购买任务“分包”给一位中间商，向他付钱，安排比萨外卖，而不是直接把比特币送至比萨店。尽管与首次相比，这次比萨交易的确证明了比特币的价值，但终究缺乏说服力。
2010年——两份比萨10000枚比特币
2018年——两份比萨0.00649枚比特币

货币的意义

金钱的代价太大。

——拉尔夫·瓦尔多·爱默生[1]（Ralph Waldo Emerson）

1 译者注：拉尔夫·沃尔多·爱默生（Ralph Waldo Emerson），1803年5月25日—1882年4月27日，生于波士顿。美国思想家、文学家，诗人。爱默生是确立美国文化精神的代表人物。美国前总统林肯称他为“美国的孔子”“美国文明之父”。

比特币是一项奇特的发明，生动阐释了用户对一个没有领导或营销人员的非等级体系的塑造过程。以人们在网站、文身和T恤衫上展现比特币的方式为例，大多数插图中的比特币金光闪闪，带有巨大的美元或泰铢形状的字母B。有些比特币从内而外闪闪发亮，有些喷涌出火箭火焰，还有些戴着金色和紫色王冠。

这些梦幻的画面让人觉得成功轻而易举。我认为，这种想法不足为奇，因为调查猴子[1]（Survey Monkey）与全球区块链商业理事会（Global Blockchain Business Council）对近600名比特币所有者展开了联合调查，结果显示，71%的

1　译者注：“调查猴子”是一家成立于1999年的著名在线调查系统服务网站。

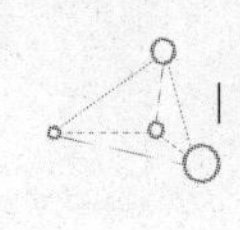

比特币所有者是男性，年轻人所占比例高达58%。这些图片能让人自然而然地分泌更多的睾丸激素，不断从书架上取走超级英雄漫画书。我所参加的每次比特币交流会或会议，男性比例至少高达80%。在线比特币论坛上充斥着大男子气概书呆子的唇枪舌剑，他们热情高涨，梦想着发家致富，结成交易伙伴。比特币使书呆子变为趾高气扬的兄弟。

男性想让比特币看起来更加真实，而比特币的插图恰恰激发了他们的幻想。你会爱上这样的货币，触摸它，炫耀它。如果你聪明，你就能亲手抓住那些金色火焰，接受金钱和财富的洗礼。推动比特币热潮的不仅是贪婪，还有对权力的渴望。

我想，要是早在2010年就买下几千枚比特币，现在的我或许就是个人生赢家了，甚至可能有充足的经费竞选总统。目前，男性约持有比特币总值的95%，可见性别差异相当悬殊。

不过，铁事证据及一双慧眼告诉我，大量女性被区块链的其他用途所吸引，包括分散式公司、分布式网络及其他改变世界的功能。比特币固然强大，但区块链网络也将真正崛起。当比特币的功能与分布式系统的范式转换结构相结合，创造出所有人都能接受的新业务、交流风格和政府时，区块链真正的超级英雄本质就会显现。比特币具有远超投资价值的潜力，将以我们还无法想象的方式释放区块链的能量。

世界上有比特币、以太币、莱特币等成千上万种加密货币。包括沃伦·巴菲特（Warren Buffet）这位来自奥马哈的先知（Oracle of Omaha）在内的数亿人都对加密货币提出了反对和批评的意见，甚至很多人对加密货币嗤之以鼻。

2018年初，市场观察网（Marketwatch）引用了巴菲特的一句话，即“比特币无法估价，因为它不是一种创造价值的资产”。几年前，巴菲特说：“远离比特币，它不过是海市蜃楼般的幻影。在我看来，认为比特币有巨大内在价值的想法荒诞可笑。”但巴菲特同时也承认，自己不清楚比特币技术的工作原理，这似乎削弱了他的观点的说服力。

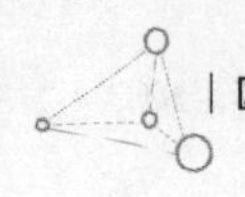

以巴菲特为首的一批人对比特币最大的质疑是，比特币没有任何信用支撑。没有贵重金属，也没有装满镀金蒸汽管的仓库、胡须护理油或其他任何有价值的物品担保比特币的价值。但奇怪的是，如果价格合适，这些人会毫不[illegible]地投资黄金。除了欲望与市场，同样别无他物能担保[illegible]

黄金和比特币有几个共同点：二者本质上都是商品。不过，从使用方式来看，它们均被视作货币。欲望、信任和市场都赋予了黄金和比特币价值。在这些方面，它们与美元并无二致。

比特币的痛恨者经常提出美元才是衡量其他所有货币的本位币，这令人匪夷所思。美国财政部表示，美元拥有“美国政府的充分信任和信用”作担保。尽管这份声明令人放心，但它并非有形财产。

以下内容来自美联储网站：

美元是否仍由黄金支撑?

联邦储备券不能兑换黄金、白银或其他任何商品。自1934年1月30日起，联邦储备券不得兑换黄金。那一天，美国国会修正了《联邦储备法》的第16节：“上述（联邦储备）券应作为国债，在美国财政部、华盛顿市、哥伦比亚特区或任何联邦储备银行以合法货币即期兑换。自20世纪60年代以来，联邦储备券不得兑换白银。”

国会明确规定，联邦储备银行必须持有与联邦储备银行投入流通的联邦储备券等值的抵押品。这些抵押品的主要形式为美国财政部、联邦机构和政府支持的企业证券。

换句话说，美元是由债务和人们对美国政府的信任支撑的。人们之所以支持比特币，部分原因在于比特币数量稀缺。比特币稀缺的原因有三：算法生成的比特币供应有限；为了挣得新的比特币，人们必须解决数学“证据”问

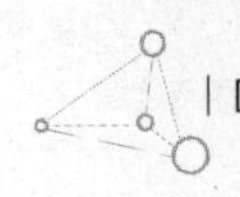

题；比特币设计暗含的博弈论使人们不得不保证网络的安全性。只要你信任算法，就无须怀疑比特币。但许多人不信任算法。有些人不信任算法，是因为他们误解了算法的工作原理。有些人则认为自己太了解比特币了，称它简直就是金字塔式的传销骗局，或是郁金香式的投机泡沫。尽管美国政府基于凭空创造比特币的概念印制美钞，但这一概念难以深入人心。

我认为，比特币和美元在很长一段时间内都会十分[illegible]应该凭自己的直觉和智慧来投资加密货币。以太坊区块[illegible]始人维塔利克·布特林(Vitalik Buterin)也同意这种观点。

他在推特上写道："……未持有加密通证的人也并非灰头土脸的失败者。他们运用非常合理的启发式方法，不亲自参与自己不了解的行业，并以很多正当理由对这些行业保持警惕。"

现代加密货币主要有三大类别：货币、替代币和通证。

虽无公认的定义，但一般来说，比特币是最原始的，也是唯一的货币。所有其他类似的货币，如莱特币（Litecoin）、零币（ZCash）、达世币（Dash）、域名币（Namecoin），以及1500多种其他货币都被视为替代币（altcoins）。大多数人视它们为货币，因为它们有价值，可以交换。尽管加密货币在零售层面并未被广泛接受，但在大多数情况下，你可以用它们购物。

所有这些货币都代表抽象价值，通常由算法发行。人们认为，加密货币不会被轻易操纵，尽管它们存在的时间还不足以证实这一点。

通证与比特币和替代币在很大程度上是无法区分的。因此，我从现在起将后两者统称为货币。但比特币和替代币还具有额外价值，可以代表商品，如衣服、井水，甚至公寓的股份。比特币和替代币一般不直接驻留在区块链上，而是通过链上的软件“层”连接到区块链。它们的功能远多于货币，而且速度更快。

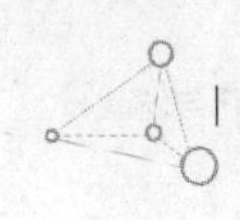

例如，房东可以用通证奖励租客的良好行为（保持门厅清洁；不大声播放音乐）。通证可以代租客支付租金。布鲁克林的梅里迪奥（Meridio）公司已开始小规模试点这项提议。

例如，当通证和货币绑定智能合约，并满足合约条款时，二者便能自行付款。通证和货币还能分割成微小的部分，使人们能购买昂贵物品的股份。例如，我们不难想象，一个人可购买威廉·德·库宁（Willem De Kooning）价值1000万美元画作的1000美元股份，然后在区块链上轻松交易这笔股份。虽然目前各种法规都在阻碍这一进程，但一切有望改变。这些货币和代币能真正实现投资民主化，创造公平的竞争环境，赋予我们当中最贫穷的人以所有权，哪怕只拥有一小部分所有权。货币和代币还能使社会发生潜在变化，包括增强所有权的自豪感、改变行为、增加财富以及淡化阶级划分。

可编程货币既可能是一项令人兴奋的发展，也可能预示着一场末日般的大灾难，这取决于你如何使用。但不管你怎么想，这项技术注定会流传下去。可编程货币是一种与智能合约结合的加密货币，能代表任何价值。实际上，货币可根据嵌入合约的算法指令进行自我交易。这样，嵌入货币的软件将为我们做出经济决策。你只需给它“如果发生X，则执行Y”的指令即可。例如，如果甲方签署了正确文件，则乙方发放房款，交易和房契都记录在区块链上。双方是否相互信任并不重要，因为智能合约的确定性和持久性使信任变得无关痛痒。这些可编程货币将绑定具体的价值、产品和服务，而非像普通美元那样散布在价值领域。

使用区块链分类账本修改和改进超市、航空公司及商店的员工忠诚度奖励计划，就是代币融入业务的一个例子。用基于区块链的通用代币替换奖励积分对顾客和企业更加有效。但如果成百上千个不同的企业分发统一的忠诚度代币，可在任何参与企业进行兑换，或在不受监管的售后市场中用于顾客间交易，那会怎样？

类似这种集合代币的成本将远低于所有单个奖励计划

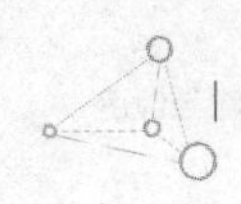

的总成本。当太多员工同时兑换奖励积分时，有些企业将面临现金流受损的问题。而集合代币会使该问题的发生概率降至最低。

对顾客来说，通用代币比只绑定一家公司的积分有用得多。例如，你可以使用从航空公司挣取的代币支付按摩费用。尽管目前有些忠诚度计划相互影响，但如果将一家公司的积分用于另一家公司，价值如何确定始终是个问题。不会过期的通用代币解决了这个问题。如果奖励你的原公司倒闭，你的代币在其他地方依然有效。比特奖励（BitRewards）和区块积分（Blockpoint）正是两家通用代币公司。

当机器人在没有人类干预的情况下赚钱并花钱时，金钱意味着什么？在我看来，去中心化自治组织是脱胎于区块链革命、最具变革潜力的组织，其怪异之处亦令人费解。不过，深入研究这个分布式自治组织的故事和理念却激发了我的创造力，让我不禁好奇该组织将对企业和组织的未来产生哪些影响。

虽说去中心化自治组织与中国古代的道家哲学（Daoism）毫无关系，但我的确发现了二者的相似之处。人们对道学的一种解读是，道是我们所知现实的展开，与此同时，这个现实正自我蜕变为崭新事物。也就是说，过去向现在的演变同时也是现在向未来的转变。

解析去中心化自治组织几乎与解析“道”（Dao）一样简单。但在其短暂发光发热的发展轨迹中，去中心化组织的本质是不断变化的，影响着之后所有的观念体系。

2016年5月，赛斯·班农（Seth Bannon）在科技类博客Tech Crunch上撰文描述了去中心化自治公司（The DAO）：“一种经济合作的新范式——企业的数字民主化——正在起步。”这种对一家尝试自我转型却又失败的企业的描述虽然奇特，但的确属实。从那以后，去中心化自治公司启发了众多企业思想家。

正如我之前描述的自动汽车一样，去中心化自治公司当然属于去中心化自治组织。成立于2016年的The DAO公

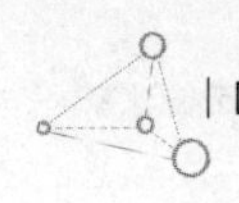

司堪称同类首创，最初由以太坊区块链的早期参与者设计和投产，其运营基于一个无领导、无中心的神秘新系统。这家去中心化自治组织由投资者节点组成，这些节点可利用智能合约及其他分布式应用进行投票和价值转移。去中心化自治公司被设计为风险基金会，主要与加密货币和去中心化组织合作。关于该基金会的各项提议，将由区块链上的成员投票表决。

去中心化自治公司由人类创造，亦由人类指导。人们将公司章程译成代码，编入智能合约。但未来的去中心化自治组织将由甚少或没有人类干预的机器自动运行。人工智能及其他科技能使一些机器为其他机器创建智能合约，而无须人类脑力的介入。算法驱动的智能合约将管理每一笔交易创意，共同完成任务、赚钱或实现其他目标。

尽管去中心化自治公司的每个成员都是单独的经济实体，但该组织的公司身份并不被官方认可，也不受任何国家或政府的约束。每个成员都拥有代币，有权对公司治理及需要资助的新项目进行投票。

只要愿意，任何人都能向去中心化自治公司提交自己的商业点子，由成员投票表决是否予以资助。表决基于人们提出的各种点子与智能合约，而非基于提出这些点子与合约的人。这使竞争趋于公平，因为传统来讲，关系通达、拥有现金的企业家更有可能为自己的企业赢得资金。只要有好想法和好代码，任何人都有机会获得资助。这是范式转换的一个重要方面。

去中心化自治公司本质上是众包企业，用以太币净赚了1.5亿多美元。随着以太币增值，净赚额也随之增长。公司的“价值”一度高达2.5亿美元。该企业的任何投资者都可被视为公司所有者。尽管如此，公司规模刚扩大不久，黑客们就发现了公司系统的漏洞，因为他们能不断从公司提取数量超过允许限值的以太币。正如区块链上的事物能迅速引起人们的注意，公司也注意到了这一问题，并开始弥补漏洞。然而，漏洞尚未堵住，价值数千万美元的以太币已遭窃取。

不出所料，这让公司的投资者感到不安，他们当中的

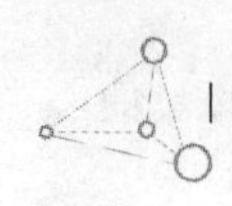

许多人是以太坊区块链的早期参与者，而去中心化自治公司正是在该区块链上建成的。投资者想要回自己的钱，而且知道怎么做。98%的节点就以下计划达成共识，即利用可怕的“51%攻击”概念，回到过去重写代码，淘汰被盗的以太币，恢复价值的“合法”所有者。该计划需制造一个“硬分叉”，即区块链所遵循的新路径，让旧路径连同被盗的以太币一起失去价值。然后，人们可通过创造新的以太币来恢复被篡改的资金。但对于区块链的铁杆信徒来说，这无异于诅咒，因为他们把区块链信奉为一系列神圣不可更改的交易，永远不该被“集中式”的权威机构以这种方式践踏。

持异议者认为，统治阶级其实已被盗窃破坏得面目全非，因此未征得节点共识就擅自对区块链做了分叉处理。为了拿回自己的货币，他们甚至指责组织幕后操纵投票。批评者称，这是一场与区块链理念相悖的紧急财政援助。按区块链的理念，区块链（包括任何去中心化自治组织）应实现自我运行。一位批评者表示，以太坊区块链今后将永远被称为“盗贼之链”。

如果“统治阶级”当真行骗，手段一定非常高明。2016年7月20日发生的硬分叉将被永久记录在以太坊区块链第192万个区块上，你可以用谷歌亲自检索这个区块。以太坊区块链无疑蒸蒸日上，但去中心化自治公司却被迅速淘汰。

分布式系统如何在正常的商业规则之外发挥作用，去中心化自治公司便是典型一例。正如我指出的那样，区块链的安全性部分来自这样一个事实，即“51%接管”——拥有51%的所有权才能质疑区块链上的内容。人们认为，这几乎不可能发生，因为随着区块链规模变大，会有更多的节点参与交易认证。但在去中心化自治公司的例子中，丢失货币的所有者绑定了区块链上比例足够大的节点，只宣称自己的旧币无效，同时铸造新的货币。许多纯粹主义者认为，区块链的运行不该受到干预。他们认为操纵货币是腐败的表现。

事实的确如此。一群自私自利的人能够颠覆自己建立的指引分布式思维的理想模型系统。这次试验堪称宏伟，却以失败告终。编码出了问题，有人趁机偷了很多钱。这

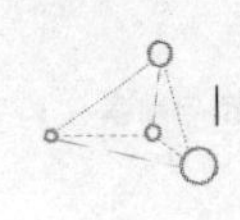

些人宁愿先谈钱，再谈理想，试图重写代码找回钱，也不愿留意去中心化自治公司之后的去向。鉴于我们谈论的钱高达数百万美元，他们的行为完全在预料之中，却不免落入俗套，有悖道德。

自比特币诞生以来，1600余种替代币相继问世。自2016年以来，大多数替代币推动了首次代币发行（Initial Coin Offerings，简称ICO），这种筹资方式极具争议，其目的是为公司筹集资金，或是让你携款潜逃，永久遁世。以下是你能购买的一些货币：

- 波特币（PotCoin）
- 零币（Zcash）
- 卡尔达诺币（Cardano）
- 恒星币（Stellar）

在首次代币发行时，有商业想法的个人或团体会创造一种货币，然后把它卖给有钱人来筹集资金。从技术上讲，这些人不是投资者，因为他们并未投资公司，只是购买了公司发行的货币。他们购买货币的依据是新公司背后的理念、公司运营团队以及详尽描绘公司前景的白皮书。如果他们认为自己的货币会随着公司的发展而升值，或认为货币的独立市场有望发展，他们就会下手投资。投资者通常会拿自己用美元或其他国家货币购买的比特币、以太币等老牌货币来购买新的替代币。2017年和2018年，美国的首次代币发行筹集了数十亿美元，其中，Codex Protocol等声名卓著的公司贡献了大笔财力。Codex Protocol是一家为拍卖行出售的艺术品和收藏品提供来源证明的公司。

一些大骗局难免鱼目混珠。由于美国证券交易委员会（SEC）在监管加密货币方面行动迟缓，这些首次代币发行并未受到政府的严格审查。在许多情况下，不道德的（和爱耍代码小聪明的）玩家发行代币后，拿着钱就消失了，因为他们知道自己没必要成立公司，为每个人赚钱。首次代币发行公司是投资风险较高的企业。首次代币发行咨询公司Statis的一项研究发现，2017年80%的首次代币发行都是骗局，这笔数目令人震惊。与此同时，花在首发代币上的钱最终只有11%陷入这些骗局。显然，大多数人面

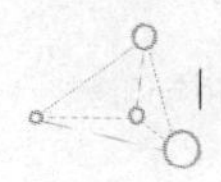

对一笔交易时，都能分辨好坏。

Savedroid就是个反面案例。该公司声称将运用人工智能管理一笔投资基金，并提供加密信用卡。公司创始人亚辛·汉克（Yassin Hanker）博士筹集了5000万美元后就关闭了公司。公司曾经发行的货币如今毫无价值，那些购买货币的人也无权追索。汉克发布了一条推特，称“谢谢大伙，公司结束运营”。随文附上两张照片：一张自拍，另一张是在海滩上拿着啤酒的手。

2017年的狂热过后，想购买首发代币的人对白皮书和团队的审查似乎更加认真。联邦交易委员会（FEC）及其他政府机构也投入了更多关注。这种本末倒置的模式在公司推出可行产品之前就资助公司，会改变创业者未来的成功方式。对于无法接触传统金融或风险投资者的创造性建设者来说，首发代币无疑是强大的工具。这些筹资能在不知晓对方肤色、身份和性别的情况下，让以前未受资助的创业者把自己的想法付诸实践。我们只需剔除坏苹果，勇往直前。

浏览www.evancoin.com，我们可以了解首发代币在小买卖中的有趣用途。在该网站，你可以购买埃文币（Evancoins），用这些货币从Fuzzy.ai（一个人工智能决策API）联合创始人埃文·普罗德罗姆（Evan Prodromou）的手中购买一小时的商业咨询时间。或者你可以先保留这些货币，用于以后的兑换和交易。普罗德罗姆只接受用于交换商业咨询时间的货币——他当然不会向家人收取周末陪同外出的费用。2017年10月，普罗德罗姆的首发代币相当低调：他以每枚15美元的价格出售了20枚货币。不出两周，每枚货币的价值涨至45美元。从那以后，他发行了更多货币。

埃文币网站详细阐明了埃文币的使用方法：

如何消费埃文币？

1. 获取一些埃文币。你可以花钱购买，也可以免费获取。

2. 给我发送 0.01 枚埃文币（可选）。该步骤虽非必选，但能告诉我，你知道如何将埃文币转账给我。该步骤为时 30 秒，这正好是我阅读你邮件的时长。我的以太坊地址是 0x001be02a4742767000cc54a820686a3087e4d472。你应该能够转移你钱包里的通证，但如果你的钱包是以太坊轻钱包（MetaMask）[1]，则应当遵循以太坊轻钱包管理通证的使用说明。

3. 给我发封电子邮件，告诉我你想用我的时间做什么。我不会去做非法、羞辱或虐待他人的事。如果你想查看一些使用建议和粗略成本，请参阅埃文时间的使用方法。

4. 给我发送埃文币。告诉我总数，1 枚埃文币 =1 小时（或其中的几分之一），我会照你的吩咐去做。如果你不满意，或者我无能为力，我将部分或全额退还你的埃文币。然后，你可以尝试用埃文币做其他事情，或者卖给他人。

---

1 以太坊轻钱包（MetaMask）是一种分布式应用，允许人们访问以太坊区块链的各个角落。

诚然，埃文币更像是加密货币和区块链如何工作的表现，而非可行的商业计划。但就其本身而言，它提供了一个创意愿景，我认为这将导致未来出现一些有趣的个人首发代币。例如，有人现在可能会出售代币来资助他们攻读量子力学博士学业，而这些代币可在他获得博士学位后赎回，因为到那时，此人的时间会显著升值。再比如，一位前途无量的艺术家现在可能会出售代币，吸引抱有升值期望的人前来购买。从效果来看，首发代币允许人们以个人投资的方式推销自己。

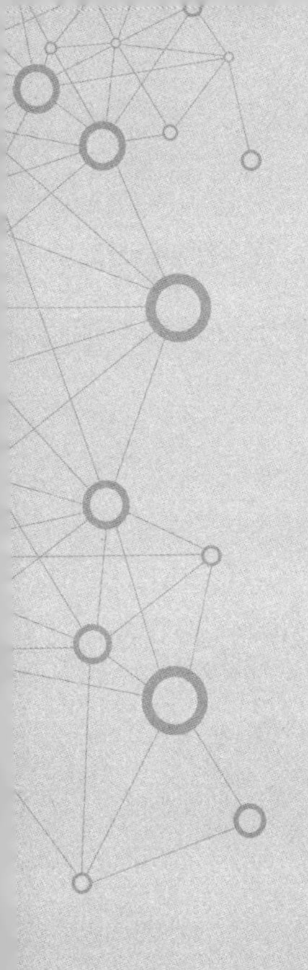

BLOCKCHAIN

The Next Everything

第四章｜新事物的惊喜

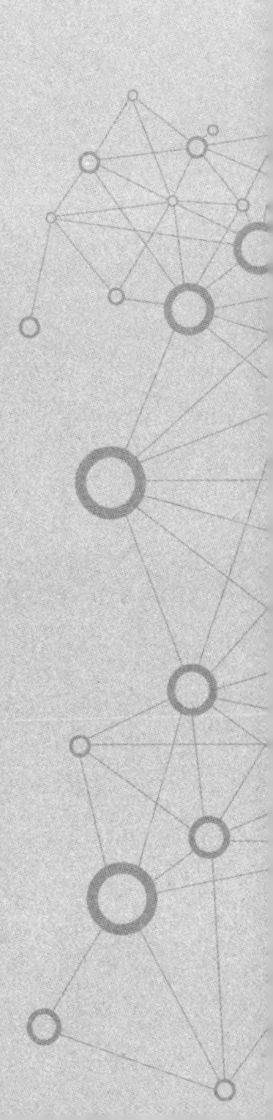

名为 Dapp 的应用程序

大多数科技都趋向于使外围工人的琐碎任务实现自动化，
而区块链技术则是脱离中心的自动化控制。
它不会让出租车司机失业，而会使 Uber 这种中介形式消失，
让出租车司机与顾客直接交易。

——**维塔利克 · 布特林**（Vitalik Buterin），
以太坊联合创始人

Dapp或称分布式应用，面向各种用途开放区块链，其本质是构建在区块链上另一个更易访问的虚拟层上的软件。分布式应用可根据客户需求完成许多任务，如为客户缴付太阳能发电费，为客户的电动车充电以及追踪你的黑莓从墨西哥农场到加州加工商的流通路径。你会了解这些黑莓是否真如广告宣传的那样天然有机，是否清洗干净。如今，能让爱沙尼亚人投票、追踪羊驼毛从农场运出到制成毛衣的全程、让读者向撰文记者进行微支付（消除了广告商、所有者和编辑的影响）的分布式应用相继涌现。在坦桑尼亚，以区块链为中心的妇女健康援助项目：Tech运用Dapp跟踪孕妇的医疗进展和护理；2018年7月，首批区块链婴儿诞生。

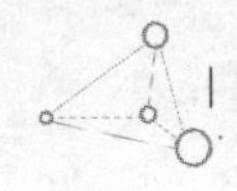

医疗保健行业的技术亟须改进。云集大量医疗创业公司（包括Gem、MedRec和BitMED）的区块链正迅速证明，自己在这片领域的用途不可小觑。区块链能为三大领域提供帮助：病例、病例共享许可以及向病人发放小额奖金，作为对健康行为的奖励，从而降低医疗总成本。例如，病例可写入区块链，从此不得更改。病人可随时管控区块链的访客及访问内容。在临床试验中，区块链能打消任何企图操纵医疗数据的念头。病人让研究人员使用临床数据，坚持使用临床治疗方案，还会因此得到奖励。BitMED在这方面走得更远。它为人们提供免费的医疗服务，以换取向医药公司和医疗设备公司出售数据的权利。根据BitMED的数据，全球健康数据市场的价值高达2300亿美元。BitMED的员工表示，现在免费获取的数据未来会为个人医疗保健提供补贴或支付费用。

数字猫咪也是个极重要的创新。它们喵喵大叫，不会在你的脖子上留下抓痕，而且不会携带弓形虫；显然，加密猫（Cryptokitties）是一种新型的猫。你可以利用以太链技术，用以太币购买这些生活在你手机里的数字猫小图。正如数字想象中的许多虚构事物一样，加密猫是资料传输因数（DTF），它们的后代可能价值更高。温哥华的加密猫公司表示，这些猫和棒球卡、艺术品一样具有收藏价值。但在我看来，不管你怎么想，数字猫最终都会化为金钱。

你只能隔屏轻抚加密猫，而无法亲手抚摸或带它们去看兽医，也无法像披戴长巾那样把它们挂在脖子上。加密猫栩栩如生，不会过敏，而且非常听话。就像世界上大多数物品一样，加密猫的价值是由稀缺性和购买欲望决定的。显然，加密猫首度问世时，人们的购买欲望非常强烈，很多人将其购入囊中。大量交易导致庞大的以太链速度变慢，踽踽前行。据《纽约时报》报道，加密猫的销售额已超过2000万美元，有些猫的售价甚至突破10万美元。

随着“数百只”加密猫相继发布，加密猫种群俨然初具规模。接下来的11个月，每隔15分钟左右就会发布一只新的零代猫。首代加密猫没有父母。但它们一旦生育，其后代就具有了遗传特性。你可以向其他“主人”支付数万

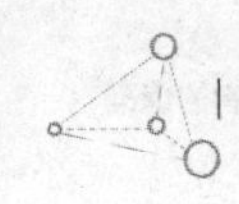

美元，亲眼见证新一代加密猫的诞生，前提是你觉得它们的DNA值这个价。通过创造一只具有特殊“升值”潜质的猫来培育“奇幻猫”（Fancy Cat），难度堪比寻找圣杯。你需要不断尝试，才能培育出正确的品种。

加密猫公司操纵着每只新发零代猫的价格，再加上3.75%的佣金比例，喵！这些区块链猫也不过就是“四条腿”的玩意罢了。

就像之前的嘻哈、极限飞盘和迷幻药一样，区块链不仅是一个新事物，更是一种文化。

一天下午，近傍晚时分，我走在纽约的运河街上，寻找摆脱世俗拘束的加密货币信徒。汽车喇叭响起，人行道上挤满了年迈的妇女，她们推着满载唐人街食品杂货的购物车，穿过拥挤人群，步行回家。自从我第一次漫步运河街以来，整条街30年来几乎没什么变化，这令我十分惊讶。也许，更多游客在市场外购买非洲商人出售的假冒奢侈品，却忽视了这样一个事实：如果时尚工作组对他们的路易威登（LV）包提出抗议，他们可能面临牢狱之灾。我找到通往19世纪仓库入口的路，沿着陡峭的老式木梯拾级而上，打开一扇门，一位年轻的实习接待员迎我入屋。这是一间长约80英尺[1]、宽约25英尺的阁楼，铺着磨旧的木制地板，拥有荒唐的玻璃“房间”。吊顶灯具是当时非常流行的铜色汤姆·迪克森（Tom Dixon）灯具，但现在看来不过是破败的塑料灯。整座仓库像是2005年左右的富人豪宅。

“我事先没买到票，所以想在这儿付款。”我告诉站岗的接待员。她拿着一部硕大的苹果手机，在手机屏幕上打了半天字，终于开口：“50美元。”

“50？可网站说是35美元。”

“现在涨到50了，因为来客太多，水涨船高。”

1　编者注：1英尺约为30厘米。

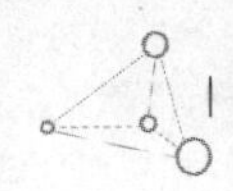

拥堵费、峰时费、敲诈费……我想了想，还是付钱坐了下来。前方临时吧台旁的屏幕上放着梵高的《星夜》。

我身旁坐着两位30来岁的女士，她们是敦博区一家名为A.I.R的非营利性女性美术馆的馆长，对区块链略知一二，但似乎并不着迷。她们前来学习，但环顾四周无趣的人群，望着墙上俗不可耐的梵高屏幕，她们并不抱有太大希望。

最后，这次高价“见面会”的领导走上台，介绍了第一位发言者，也就是那幅梵高画作的主人。他与区块链毫无交集，但他的确拥有一家名为Meural的数字艺术公司，负责生产销售用于展示数字艺术收藏品的框屏。你可以先买一个，然后以每年40美元的价格订阅他的服务，这样就能进入一个虚拟空间，在那里，“标志性的名画与出人意料的创意画碰撞交汇”。你可以从授权的数字图集中下载你想要的任何画作。据称，这些藏品代表了价值高达30亿美元的艺术品。但其实不然，因为所有艺术品都由像素堆砌而成，嗅不出颜料的味道。发言者说，他希望有一天，公司的艺术品每被人欣赏或转卖一次，背后的艺术家都能得到加密货币的奖励。但他似乎没有任何具体计划。掌声响起。在我身后，一位年轻人询问身旁的卷发书呆子："你怎么在这？"

"两个月前，我刚买下自己的第一份加密艺术品。我对区块链上的艺术品非常感兴趣。"

两个月前——我对区块链技术席卷文化界的速度之快感到荒唐，边想边笑。啊，7个月前，我也购买了自己的第一份加密艺术品，看来我算是老前辈了呢。

我身边的一位女馆长建议我去了解Rhizome，这是一家拥有数字艺术档案的网络出版商，数字艺术就在这里生根发芽。

接下来的情节真有意思。一位身材瘦长、五官分明的男士指出，要用通证取代货币来为艺术品估价。这位发言者名叫汤米·尼古拉斯（Tommy Nicolas），是合金艺术公

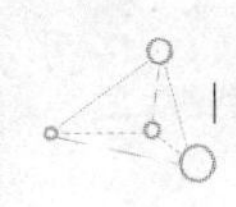

司（Alloy）和稀有艺术实验室（Rare Art Labs）的创始人。他认为，只有创建重视通证的社会，通证才能发挥效用。这是他的主要观点，也是重要观点。通证受到重视时，就成为代表稀有数字艺术的一种货币。听到这个词，我百思不得其解，“通证”到底是啥玩意？

汤米解释道：数字图像的首个副本上链后，就变成不可更改的艺术品，有且只有一个。所有的截屏及其他制作传播的副本永远不能保证自己是链上的第一个。因此，数字图像很少见。这曾经是个悖论，但现在不是了。

下一位发言者是加密朋克（CryptoPunks）的创始人之一马特·霍尔（Matt Hall）。加密朋克是具有收藏价值的稀有数字艺术品，由外表俗气的朋克摇滚歌手创作。这些摇滚歌手向市场发布了一万个具有通证价值的加密朋克角色，亲眼见证它们的买卖。人们已从这些宝贝身上赚了几十万美元，并通过区块链对所有宝贝进行跟踪和交易。这实属罕见的数字艺术！

夜幕缓缓降临，我新交的馆长朋友用手机叫了外卖（用的是老式信用卡），我的思绪又回到了加密朋克。它们看上去是如此富有时代感，如此怀旧（朋克摇滚歌手？）。作为艺术产品，它们是如此创新，却又如此无趣。

离开会场，人们对区块链的思考再度让我感到充实快乐。通向街头的陡峭木梯让我想起70年代末怀旧的纽约。那时，这些阁楼乞求租户的到来，你永远不知道自己会在楼梯顶部发现什么：或许是一位亚麻色头发的神奇女性，穿着闪闪发光的衣服，跟着音响合成器唱歌。我有过这样的经历。

街头，一位穿着斐乐（Fila）运动服的塞内加尔人要我花80美元买些透明的巴黎世家（Balenciaga）运动鞋。我不禁好奇，区块链会如何影响从未离开运河街的假货市场？我认为，区块链并不会真影响假货市场。可是，既然在运河街人行道上购物的人都清楚自己以如此低廉的价格买到的奢侈品是假货，那他们为什么还要在区块链上查明出处呢？我想，除非销售人员能够制出假货的稀有数字图

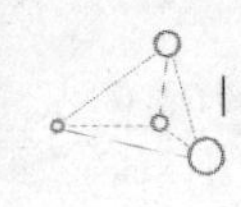

像，否则顾客不会善罢甘休。因为制作数字图像会使假货合法化，成为稀有数字艺术的主体，拥有真正的价值。

2018年初，美国总统唐纳德·特朗普的前首席战略师史蒂夫·班农（Steve Bannon）[1]宣布，自己花重金投资了比特币及其他加密货币。这令各地的乌托邦拥护者不寒而栗。夏洛茨维尔的白人民族主义者举行暴力游行之后，包括贝宝（PayPal）、一些银行及社交媒体公司在内的主流机构终止了与这些公开的种族主义者的合作。后来，许多种族主义者转而将加密货币作为交换手段——新纳粹领导人理查德·斯宾塞（Richard Spencer）已宣称，比特币是右翼的货币。很快，一个名为@neonaziwallets的推特账户开始发布13个不同比特币账户的比特币活动，将他们的金融活动公之于众。据推测，这些账户与亲纳粹的白人民族主义团体有关。简而言之，比特币就是自由流通、没有中介的

1　译者注：史蒂夫·班农（Steve Bannon），曾任极右派媒体布赖特巴特新闻网（Breitbart News）执行主席。在他的带领下，布赖特巴特新闻网成了美国“另类右翼运动”(alt-right movement)的龙头媒体。该运动反对多元文化，维护“西部价值”，通常被与白人至上主义联系在一起。

经济与或许令人讨厌的透明度的奇妙组合。

奇怪的是，区块链和比特币似乎还能起到促进平等的作用，为有色人种和那些收入较低的人提供进入金融市场的机会。在传统意义上，这些低收入者进入投资阶层会面临更多障碍。区块链技术有助于创造公平的竞争环境，使社会各阶层资源有限的人能够投资并参与市场，而之前他们一直被市场拒之门外。所有权的碎片化甚至能使最小的投资变得有效，如果政府法规与区块链的发展保持同步，更是如此。

另一个推动区块链发展、实现平等的做法是全民基本收入运动。一家名叫圈子（Circles）的柏林创业公司让人们创建自己的个人加密货币，用于所谓的以协同交互为基础的后资本主义经济体系。这家公司富有创新精神，有时令人费解。

一旦有人加入圈子公司，智能合约就会为他们铸造一定数量的加密货币。大多数人（包括我自己）很难理解这

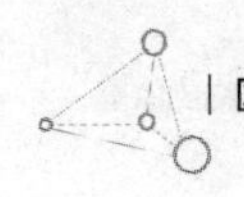

一点。工作协议的算法证明定期会将更多货币加入个人的数字钱包里。这些加密货币的价值源于这样一个事实：圈子公司的所有用户都认为彼此的货币同等有效。他们可以接受自己为服务提供的货币，用这些货币在商店里消费。目前，圈子公司在当地运营，柏林的商店和饭店都接受这种货币。随着越来越多的人加入圈子公司，公司内所有的个人货币将融合为巨大的共享货币，甚至成为全球货币。在这种经济体制下，人人都有基本收入，因为每个人都会定期获得新的加密货币。当然，潜在的陷阱也有不少，包括通胀幽灵。不过，随着区块链涉足越来越多的领域，证据将存在于无形资产中。

在亚特兰大等地，越来越多的黑人科技运动正利用区块链来解决影响非裔美国人社区的问题。亚特兰大人埃德·邓恩（Ed Dunn）有个绝妙的计划，那就是利用区块链创建一个旨在为美国黑人提供各种服务的自由市场交换项目。不过，从更换用途的服装到各项投资，任何人似乎都能接触这些产品。

区块链是专为公平竞争环境而设计的，因为区块链不受那些经常制造引发不平等问题事端的机构的控制。作为一种没有情感的分类账技术，区块链背后的所有分布式应用对种族、肤色和阶级都一视同仁。在世界各地，那些最需要区块链的人都能感受到区块链赐予的力量。

森林就是一个庞大复杂的分布式系统。每棵树的树干通过树根、信息素及其他化学物质、声音，或者可能通过人类尚未发现的其他通信工具接入生态群落。树木利用这些系统提醒彼此，环境中存在危险的化学物质，并在需要时共享营养。然而，树木天生没有暴力的天性，无法利用分布式系统使自己免受砍伐之灾。

基于以太坊网络的terra0框架旨在帮助这些树木摆脱困境。terra0究竟是艺术项目还是林业创新，很难判断，但其设计目的是把森林变成去中心化自治组织，即森林通过出售木材、获取更多土地来实现自我管理。说白了，就是森林成为自己的主人。

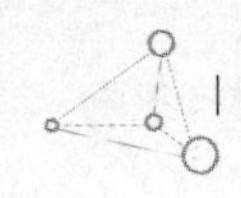

以下是terra0运作的全过程：你决定亲自帮助森林实现自我保护，并以可持续的方式扩展森林面积。你买了一些林地，建立了分布式的树木网络，系统装有传感器，可监控树木的生长、密度、人类和动物访客及其他测量数据。你为去中心化自治森林创建了控制这一切数据的智能合约系统。至此，你加入了去中心化自治森林，放弃了森林所有权。森林企业根据森林木材及其他资源的未来价值进行首次代币发行，从而筹集资金。你和其他所有投资者共同收到一份以太币，企业就拥有了自治权。代币赋予森林资本，从而赚取更多的钱。智能合约及其构建在区块链顶层的分布式应用使森林实现可持续的自我丰收，种植并保护其他植物和物种，并邀请人类免费参观。最终，这些代币会一路升值，直到你想卖掉它们，把钱用于其他用途。如果算法认为正确，森林可能会从你手中购买这些代币，或者外部投资者可能想加入去中心化自治森林。森林继续赚钱，尽可能地攒钱购买更多土地，扩大边界，从而创造出一片自我维持、管理良好的森林。这片森林之所以有价值，只因为它是森林。没必要把它改造成公寓或滑雪场，也没必要以其他任何方式加以开发。

我认为，很多人会时不时对技术前景及未来可能更加光明的说法感到厌倦，这情有可原。但我劝大家不要轻易放弃。看看最古老的区块链分布式应用——比特币是如何帮助撒哈拉以南的非洲人恢复视力的吧。

我采访过美国一家慈善机构的负责人，这家机构为世界各地视力不好的人提供眼镜。但由于规章烦琐，该机构在收款和转账时经常碰到问题。例如，该机构的尼日利亚合作伙伴很难将奈拉兑换成美元送出国门。最近，该合作伙伴开始用奈拉购买比特币，并将其直接转账给美国慈善机构。收据上显示，慈善机构将比特币兑换为美元，兑换费用微乎其微，没人企图从这些数字货币中获利。这只是利用区块链避开政府和金融中介的一种方式，因为二者使奈拉转至美国变得非常困难。

照片的主人到底是谁？看着照片中扛着AK47步枪的德克萨斯人，我在想，如果他知道我有这张照片，会怎么做？他站在反枪支集会的人群中，威慑抗议者，给警察增添了额外的工作。照片是开放的数字文件，我可以对它做

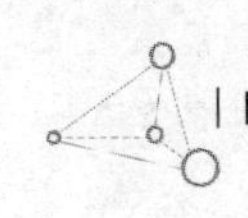

任何我想做的事（照片根本不是我的，但我能假扮成照片的主人）。我想，我会把它贴在自己的博客里。

把别人的作品复制、粘贴或嵌入自己的网站如此容易，以至于许多人都将这种盗用行为视为一种权利。为防止作品被盗，你必须得证明自己是照片的主人，最好证明你拥有照片的版权。可视水印是声明所有权的一种解决方案，但它们会“玷污”照片。嵌入照片的元数据对保护发起人的权利大有助益，但人们会利用变通手段绕开元数据。幸运的是，许多新服务运用分布式技术轻松解决了版权问题。

我花了约两分钟在Binded公司的网站上注册了自己的名字，然后上传了枪手的照片。Binded公司的员工指导我将照片锁入区块链，用散列创建不可更改的记录，记下我声明拥有照片所有权的时间和日期。他们将向美国政府申请版权。从那以后，算法将永无止境地搜索网站，寻找可能非法使用该照片的人，并让他们赔偿损失。这份工作仅持续几秒，真不赖。

照片拍得真棒，现在我也成了它的“主人”。唯一的问题在于，这张照片其实并不属于我。我的哥哥彼得住在奥斯汀，他在今天早些时候给我发了封电子邮件。在距我1500英里外的地方，他用自己的相机拍下了反枪支集会上一名反抗议者的照片。我对这张照片的“所有权”提醒着人们，区块链具有局限性，知识产权注册的真实性取决于链上信息的真实性。

但是，如果我哥哥在拍摄照片时就替照片注册，则不会存在这个问题。快速搜索各大区块链不难发现，他才是照片的第一主人，而我声明的主人身份是假冒的。很高兴他没揭发我。

猎寻独角兽

如果一切都在掌控中，
只能说明你不够快。

——赛车手马里奥·安德烈蒂[1]（Mario Andretti）

1 译者注：马里奥·安德烈蒂（Mario Andretti），美国著名一级方程式赛车手。

拜占庭帝国确立了中世纪罗马帝国的东部边缘。其首都君士坦丁堡（今伊斯坦布尔）主要受希腊而非罗马的影响。大约在哥伦布发现新大陆的40年前，拜占庭帝国被奥斯曼帝国占领，这段史话成为影响区块链系统发展的核心因素。

作为人们最常引用的寓言，“拜占庭将军的问题”解释了为什么每个分布式系统都必须具有一种方法，通过该方法，每个人或节点都能在系统内合作做出决策。这个寓言的内容如下：

一支拜占庭军队由9名将军领导，每名将军在不同地点站岗，这些地点散布在一座有城墙的城市周围，而这座

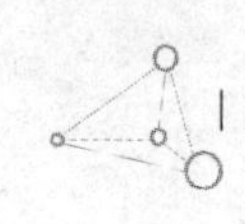

城市正是这些将军想要控制的要塞。整座城市戒备森严，自我防卫，将军们既可以选择冒着极大的危险进攻城市，也可以掉头就跑，忍受失败的耻辱。为了攻占这座城市，将军们必须依据一项已达成共识的计划，从各自阵营协同进攻。如果其中任何一位将军采取不同的方法，整个军队必定溃败。然而，将军们无法共聚一堂、讨论局势，只能通过信使互相传递消息。

不幸的是，有位身份有待确认的将军是个两面派。他不但可能不会投票支持最佳计划，甚至可能故意破坏其他计划。如果4名将军想在日出后入侵，4名想在日落后入侵，则剩余的那名将军可选派一名信使支持前4名的决定，也可以向后4名将军发送消息，支持他们的决定。但这样做会造成混乱，导致失败。

上述场景适用于分布式网络。在分布式网络中，各种类型的计算机或节点（将军）都是互相连接的（信使）。为确保网络诚实运营，必须采取一种方法，使所有这些节点就录入系统的交易、数据及其他信息达成一致。对将军们而言，如果那些想在夜间发动进攻的将军占了多数，就会出现计算机科学家所称的“拜占庭容错”状态。这时，其他将军要达成一致，且系统不容破坏。

在计算机网络中，这是通过共识协议完成的。有了共识协议，整组将军便能保证链上数据的真实性。这不是为了确保信息内容“真实”，而是为了证明信息输入的方式和日期准确无误。要做到这一点，方法有很多种。最常见的就是“工作证明”，这也是比特币区块链寻找共识、认证交易的方法。

工作证明由“挖掘”比特币的强大计算机节点完成。这些相互连接的大型计算机群通常位于水电站或其他廉价电力来源附近的工业建筑里，因为比特币挖掘比赛会消耗巨量电力。你拥有的计算机越多，就越有可能解决算法生成的数学难题，从而确认区块链准备就绪，已经闭合——这就是工作协议证明。比特币发展初期，竞争很小，人们可用台式电脑挖掘比特币。节点一旦解决关闭区块所需的数学问题，算法就会给予奖励。

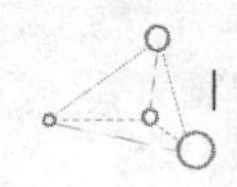

在比特币诞生的头几年，一个矿工在每个区块上都可以赚到50枚比特币，以及一笔交易费。当链上的21万个区块都被确认后，程序就会自动将以上金额砍掉一半。当这些比特币仅值几美元时，挖矿竞争便不再激烈。由于每个比特币价值数千美元（视市场而定），专业的挖矿公司已经站稳脚跟。中国在这方面一路领先，但其他国家也不乏资源。有些矿建在冰岛这样凉爽的国家，可节省用于冷却采矿电脑的空调费，因为这些电脑挖矿时会产生大量的热量。每个区块认证前，这些矿工都会相互竞争，看谁能最先解决算法生成的数学问题，获得奖励。这项工作虽然乏味，但报酬丰厚。2018年初，12枚比特币的回报就接近25万美元。矿工一旦认证了区块，链上其他所有节点都会收到证明，批准认证。然后，矿工可在全网众多交易所或市场上出售这些比特币，或将其作为投资机遇紧抓不放。

如果你来到硅谷，一定会听到风投追逐幽灵独角兽的声音，也能听到社会创新人士渴求治愈世界弊病良方的深沉咆哮。

规模。规模。规模。一味追求规模，是我们这个时代的困扰。每个人都想以前所未有的方式爆发自我。许多专家认为，区块链技术可能会解决部分问题，但绝不可能根治顽疾。各式各样的新协议表明，区块链不管多大或多复杂，都有可能通过扩展规模来满足任何企业或人群的需求。

理论上，大多数开放的分布式系统（如区块链）都具有可无限扩展的理想结构。系统上的节点越多，越能灵活应对系统内部的故障、黑客入侵和攻击及资源短缺。网络效应可确保系统呈指数式增长，区块链似乎也正好符合要求。然而，它的结构尚不具备明显的可扩展性。

目前来看，分布式系统实现飞跃式增长较为困难，因为链上的每个节点其实都在处理和存储每笔交易。分布式系统虽然安全，但效率低下。2018年初，比特币使用工作共识证明，每秒可处理约3笔交易。目前，以太坊使用工作证明和权益证明，每秒能处理约25笔交易。以太坊正慢慢引入这两种证明，以监控安全及其他问题。与Visa（每秒处理2.5万笔交易）、Swift（每秒处理300笔交易）和万

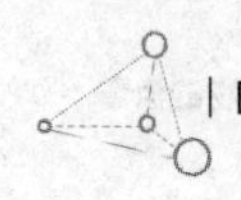

事达卡（Mastercard）的集中式系统（每秒处理4.4万笔交易）相比，这简直比乌龟爬得还慢。但我们都知道，不能小看乌龟。

要想规模化，速度至关重要。但区块链只有在保留其数据不可更改的分类账本属性时，方才彰显价值。这些属性由各种共识协议维护。要想处理诸如金融服务公司的大量交易，就必须建立无须链上节点批准的更高效的系统。但无论如何，达成共识这项工作必须在节点之间进行分配。

当年，年仅19岁、身材瘦削的加拿大人维塔利克·布特林创建了以太坊区块链。和比特币链一样，以太坊也开始使用工作证明。随着以太坊发展为一种支持智能合约及其他创新的技术，扩大以太链规模的呼声日益高涨。例如，2018年，那些可交易的加密猫几度大受欢迎，纷至沓来的需求大大降低了以太链的交易速度。

2018年，以太坊开始测试权益证明，用“验证者”来代替“矿工”。矿工们竞相成为算法问题的首个执行者，证实数据区块的有效性，以这种形式的工作赚取比特币。但这种闭合区块的方法烦琐且耗能，因此人们希望验证者能改善这一问题。作为验证者，你将自己拥有的部分以太币交由第三方托管。这是你下的一个“赌注”，你有信心这样做是因为你认为自己的处理系统会捕获链上的下一个区块，并由你来验证。如果你是首个验证新区块的人，你就能找回自己的以太币，还能再获一笔等量的新以太币，作为你参与验证的奖励。如果你无法验证新区块，你就会失去第三方托管的以太币。

权益证明系统有望大幅降低能耗，每年估计可为比特币区块链节省4.5亿美元的成本。此外，该系统无须专门的计算机挖矿设备，有利于营造公平的竞争环境，促进人们养成符合系统理念的良好行为。最重要的是，该系统提高了区块链的效率，加快了区块认证和闭合的速度。对于区块链来说，通过挖矿、验证或其他方式发行比特币充满了不确定性。区块链要想成功，就必须解决这个问题。

由于比特币网络耗电量大，比特币工作协议证明饱受

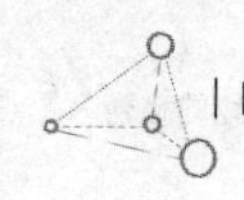

诟病。有些人称，仅一天，比特币网络消耗的能源就堪比丹麦全国的能耗。据估计，处理一份比特币交易所耗的电能可供一间小屋用上一个月。对我来说，如此浪费有悖道德。因此，我从未买过比特币。

不过，从另一个角度来看，比特币工作协议证明在未来可能更有意义。如果比特币规模扩大到足以淘汰银行的程度，那么和目前同样耗能巨大的银行系统相比，比特币工作协议证明其实更具可持续性。不妨想想，全世界有那么多银行和自动取款机，每天24小时、每周7天不断用电，以支持电灯、空调和机器的电力消耗。如果比特币及其他数字货币取代了现有的银行系统，人们就不再需要银行及其消耗的能源。我想，相比目前银行的能耗总和，未来比特币或许更加节能。

然而，对于许多非比特币的应用程序来说，比特币工作证明不仅不合理，还没有用处。为此，许多区块链极客正在制定新协议，以达到加快交易速度的目的，同时也希望能减少人们对工作证明破坏环境的担忧。区块链要想征服世界，就必须高速高效。

包含工作证明、权益证明及其他方法的共识协议正迸发出新的思维火花。哈希图（Hashgraph）虽非区块链，但与区块链异曲同工，前景广阔，其共识验证方法被称为“流言协议（Gossip Protocol）”，每个节点随机选择另一个节点进行验证。埃欧塔（IOTA）使用的是缠结（Tangle）系统，但该系统因不安全而饱受非议。在工作中，区块链项目和伪区块链项目还有很多。

放眼全球，充满激情的梦想家和富有远见的工程师正竭力推动分布式账本技术飞速发展。我们无法预测哪种技术会胜出，但可以合理猜测，情况将迅速改善。

许多人认为，一项名为“分片”的创新技术将拯救缓慢且超负荷的区块链。以太链的开发人员一直在开发这项技术。其实，分片技术将区块链划分为占据不同节点的区段，以减少通过节点的流量。这场分布式网络思想上的巨大转变部分是由“芝加哥计划（Project Chicago）”团队发

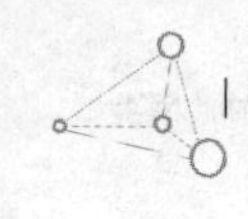

起的，使决定加密货币价值的所有“商品”（交易费、存储空间等）实现了智能化和实用化。以太链及全球其他组织的开发人员正在研究分片及其他技术，以改善价值在区块链上的移动方式。其中，最激进的分子认为，这种努力研究分布式技术的行为能改善整个区块链的生态系统。

新的分布式互联网也将应运而生。这是基于区块链的免费互联网，属于你个人的完美互联网；是我们在20世纪90年代就想拥有的互联网；是感恩而死乐队（Grateful Dead）会为之歌唱的互联网；是包罗了无数炫酷事物的互联网。

这种互联网尚未问世。大家正试图通过规模化将它变成现实。

如果现存的1600或2000种加密货币彼此能够兼容交互，那么你就能在别的加密货币系统中使用你持有的某种货币，那结果会怎样？打个比方，如果加密货币间能互通，那么你就可以拿着一堆“笑币（laughiecoins）”，到使用“郁闷币（depressocoins）”的商店购物了。就好像兑换或转移外币的时候无须通过重重中介，也无需支付手续费一样，加密货币交互也同样酷炫。这就是区块链互联网的工作原理，但目前尚未实现。

再比如，你厌倦了目前由脸书、谷歌、网飞、《纽约时报》等公司或媒体主导的互联网，渴望创建既不跟踪数据，也不控制数据的新型自由网络，即新型分布式网络。不同于现在网页和信息储存于云端的情况，分布式网络存在于每个人的手机、电脑、洗碗机和汽车。你将通过设备上未使用的处理容量和存储空间来运行这种新型互联网的一部分（事实上，分布式网络会很快耗尽你的电池电量，这一问题尚未得到解决）。同样的，分布式网络尚在襁褓中，但许多聪明人士看到了这项技术的曙光。只要你发现人们不再加上“新型”这个前缀，而只说“分布式互联网”，你就会明白，分布式网络已经到来了。

我相信，分布式网络即将诞生。

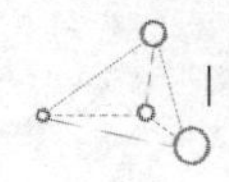

分布式网络只有一个“小”缺点：容易造成停电。

在现代生活中，人们能够轻松获取源源不断的电能。这些电能不费吹灰之力，就能被输送至家庭、企业、汽车和数据云。和大多数技术一样，分布式网络技术正是基于这样的原理。

飓风“桑迪”曾经席卷纽约，导致我所住的社区停电5天。这让我感到非常震惊。那段时间，和市中心的许多居民一样，我每天早晨都会步行至商业区，找一个商店或饭店给我的手机充足电。因为夜幕降临后，我需要我的手机充当手电筒的角色。这是我在纽约遭遇的第三次停电——绝对还有下一次。如果全国大面积停电，会有什么后果？

即便是那些能自行生产可再生太阳能或风能的单位，通常也会接入电网，以备不时之需。电网易遭受黑客、在变电站开枪的笨蛋和天气的威胁，甚至连松鼠也会危及电网。它们喜欢咀嚼电线，在变压器上筑巢，严重破坏电网。你不信？上cybersquirrel1.com看看吧。

如果电网出现故障，区块链的所有节点将继续保持活跃，自己发电，或者使用未受损的电网部分。区块链的记录可存储于闲置的硬盘驱动器。但如果情况更糟——连锁故障蔓延至整个州——区块链可能会变得相当薄弱。这时，老旧的分布式生活方式就显示出魅力了。随着区块链陷入崩溃，古老的神秘主义和对上帝的信仰都能派上用场。

自我主权

主权不是赋予的，
而是夺取来的。

——穆斯塔法·凯末尔·阿塔图尔克
（Mustafa Kemal Atatürk）

译者注：穆斯塔法·凯末尔·阿塔图尔克（土耳其语：Mustafa Kemal Atatürk，1881年5月19日－1938年11月10日），土耳其革命家、改革家、作家，土耳其共和国缔造者，土耳其共和国第一任总统、总理及国民议会议长。

最近，我出席了一所艺术学校的迎新会。我看到在签到簿上，名字标签旁都贴着丝带，每条丝带上印有一两个单词，如“运动健将”“他”“沉默寡言”“他们”“同性恋”“她”“LGBTQ（女同性恋者、男同性恋者、双性恋者、跨性别者和酷儿）”“勤奋好学”“顺性男[1]”“顺性女”“有色人种”。有些学生给自己贴上了三四条丝带的标签。

我们生活在一个身份极为重要的时代，每个人都在不断维护自己的政治或哲学身份、性别、种族或国籍。我们强烈要求别人尊重我们的身份和信仰。然而，多数情况

1　译者注：顺性男指出生时生物性别是男性，自己也觉得自己是男性。

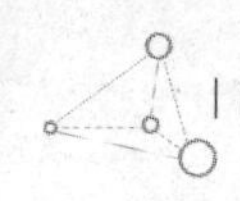

下，我们无法掌控自己的身份。掌控我们身份的是银行，是政府，是学校，是教堂，是俱乐部，是我们的父亲。

自由、平等、公平的竞争环境是人类的三大夙愿。自由可能是左翼和右翼鲜有的共同追求之一。平等亦是如此。“被遗忘的”美国白人中产阶级虽已没有什么特权，但仍渴望与沿海的精英平起平坐。同理，黑人的声音不管是否会被遗忘，他们也渴望像白人一样得到认可。

在我看来，使每个人从出生至死亡始终保持独立，就是区块链潜力的核心所在。每个人在保持独立的同时，都能联系到自己群体中的其他独立个体。尽管区块链技术能使企业和政府透明运转，促进陌生人之间的合作，提高效率，改善环境，但上述进步都基于区块链技术使个人拥有自己的身份、信任他人的身份、适时做出决定的独特能力。

如今，“自我主权”已成为区块链领域的高频术语。国王拥有一国主权；同理，有了区块链，任何人都能拥有自己身份的主权（包括对个人数据的主权）。目前，我们把这些数据免费提供给脸书、全食超市（Whole Foods Market）、公共事业公司、政府及许多其他实体。有了基于区块链的自主身份，任何人都能控制自己购物数据、旅行数据和音乐品位数据的“发行量”。例如，亚马逊要想知道谁在购买太阳能花园灯，可以获得数据，但需要向提供数据的个人支付一定的费用。

为了实现这一点，你需要在区块链上注册你的姓名、出生日期、公民身份、受教育程度、婚姻状况、种族、驾照及其他任何你想标识身份的信息。优港（Uport）等数家公司开发的软件大大简化了这一流程。你可以通过文件或官方机构所开的证明（例如你的出生地能提供你的出生证明）来确保信息的真实性。可区块链上的每件事一经验证，信息就不容置疑。

对于将个人身份（包括那些目前拥有护照和驾照的人）录入区块链的任何程序而言，上述努力的重点是让智能合约及其他方法赋予公民对信息的控制权——应该以什么价格出售信息，发布给谁。隐私是关键。例如，7-11便

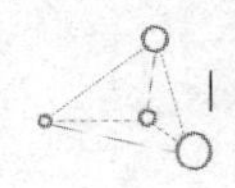

利店店员会在你购买啤酒的时候要求查看你的身份证，而你当然不希望他同时能访问你的财务记录，这就是保护个人隐私的重要性。

区块链上的自我主权如何改变世界？以下便是一例：只要在区块链上注册个人账号，你就能改变全球难民的生活。

几年前，我造访了一处刚果的难民营。这座难民营位于基伍湖卢旺达一侧，与刚果民主共和国隔湖相望。来到这座具有30多年历史的难民营，我遇到一个人，他出生在难民营，现在还住在那里，与妻儿相依为命。难民们长期生存在狭窄巷道两旁的泥砖房里。拥挤肮脏的道路尽头，有一家诊所、一座由当地村民经营的市场、一家由一个有商业头脑的难民经营的DVD影院，以及3万难民的公共卫生间。除了几台供有钱居民赚钱的发电机，难民营再无电力。因此，在没有月亮的夜晚，巷道就会漆黑一片。妇女在夜晚去公共卫生间的时候，常常会遭到袭击。难民们在联合国的庇佑下似乎暂时远离了祖国土地上的暴力，却又陷入了另一种暴力与贫困。

这座难民营的经济完全建立在以物易物和黑市活动的基础上，居民经常把联合国配给的粮食部分出售给在难民营内建立市场的外来商人。许多难民没有护照或身份证，只有联合国难民事务高级专员公署（UNHCR）提供的难民证。事实上，他们没有国籍，从官僚主义的角度来看，甚至根本没有身份。世界银行估计，全球超过11亿人和这些难民一样缺乏身份证明。这一数字包括至少300万美国成年人，他们之所以没有身份证，是因为他们不开车，也不需要护照（因为没钱出国）。在这个世界上，没有身份证意味着你无法开立银行账户，无法获得信贷，无法跨越国界，也无法结婚。在美国的一些州，没有身份证，你甚至无权投票。

但情况正在改变。如今，大多数没有身份证的人都有手机，或者可以借到手机。有了这些设备，他们便能接触区块链技术，从而获得永久有效、不可更改的身份。这些记录能使难民进入金融市场，申请公民身份，拥有国籍，获得更完整的人生。这些身份证能使他们可靠地享受互联

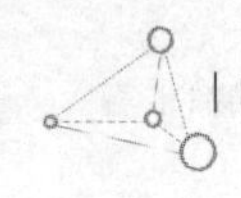

网上的数字服务，而不必诉诸像脸书这样的“守门人”。

联合国正与埃森哲（Accenture）和微软（Microsoft）合作，开发一种名为“ID2020”的区块链身份识别系统，为世界上每个需要身份识别的人提供身份证，这也是联合国实现可持续发展的目标之一。在摩尔多瓦，农村儿童面临着被拐卖的危险。为防止人口贩卖，这些儿童正相继获得以区块链为基础的身份证。在叙利亚，世界粮食计划署为难民们提供了慈善食物捐赠卡，人们利用这些卡片，通过视网膜扫描技术与区块链数据库相连，从而验证难民的身份。在纽约，一家名为“区块链引领变革（Blockchain for Change）”的企业正试图为无家可归的人及其他人提供有效的身份证。

对于那些与我在卢旺达共度时光的难民来说，如果联合国的开发项目取得成功，或许在未来，联合国难民事务高级专员公署接收的难民进入难民营时，其身份将永久记录在区块链上，如果他们获准离开，这些记录可成为有效的身份证。

在美国，选民的身份日益受到质疑。其实不止在美国，在其他国家，选民的身份也是个长期争议的话题。2018年5月，数十名西弗吉尼亚州的公民——一些在军队，一些在海外，用指纹核实自己的身份，然后在州立初选中投票。投票是通过在区块链上注册的智能手机进行的，这项试验使用由移动投票平台Voatz开发的系统，目的是确定未来是否有更多的选民能用自己的手机和区块链技术进行投票。

在区块链系统中，在线投票有以下几个潜在优势：

◎ 个人身份是通过生物识别技术，如指纹或其他方法来验证的，这消除了多次投票的风险。

◎ 投票会留下永久记录，人们可随时检查自己的投票记录是否正确。选票不再丢失，也不必担心有人在幕后做手脚。

◎ 杜绝计票出错的现象。例如，在2000年乔治·W.布什(George W. Bush)和阿尔·戈尔(Al Gore)的总统大选中，如果所有的选票均清楚地记录在案，困扰当年大选

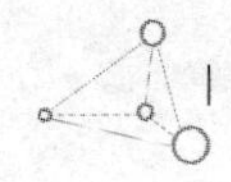

的“悬空票（hanging chad）”之争就不会发生。

◎ 投票变得轻而易举。你无须前往选举地点排队，就可以在世界的另一端投票。

◎ 身份识别精准无误，因为个人身份基于指纹或其他不可更改的数据。

◎ 弃权票将匿名投出。目前，通过电子邮件或传真提交弃权票，意味着选民放弃了隐私权。

◎ 安全有保障。尽管选民有权保持匿名，但区块链上的每个投票记录都有迹可循。

◎ 区块链公开透明，投票审计简单易行。

◎ 投票结果可立即出炉。

虽然区块链民主化是个诱人的想法，但在美国这样一个幅员辽阔的国家，实施这项技术相当困难。民主更有可能发端于地方政界、董事会、大学委员会及其他更容易适应变化的地方，然后蔓延至全国政界，使选举失误和选民压制成为过去。

2016年，在区块链投票的首批测试中，哥伦比亚给了侨民一个机会，就是否批准政府与反动组织——哥伦比亚革命武装力量（FARC）之间的一项重要和平协议进行象征性的（不计数）投票。除了允许投“赞成”或“反对”票之外，出现在网络、手机或电脑上的公民数字投票（Plebiscito Digital或Digital Plebiscite）围绕土地重新分配、毒品贩运及其他相关话题的细节提供了“次级主题”，侨民可就这些话题进行投票。这些问题被称为“液态民主”，因为它们不像直接投票那样死板。

总体来说，区块链投票颇为成功，但赞助方发现了几个至少存在于哥伦比亚侨民中的问题：

◎ 区块链技术不够发达，界面操作不够简单。

◎ 有些用户网速不够快，或缺乏计算机技能，可能压根没有投票。

◎ 缺乏政治领导人和组织的支持。

不过，这仍是一次重大的早期考验，事关区块链投票的未来。

开辟新世界

一切可以自动化的事物都将实现自动化。

——罗伯特 · 坎农（Robert Cannon），
联邦通信委员会资深法律顾问，2014 年

区块链将摧毁一切品牌。高露洁（Colgate）、优衣库（Uniqlo）、苹果（Apple）及其他所有品牌之所以强大，都归功于浓缩在品牌中的超凡权威。对顾客来说，拉夫·劳伦（Raph Lauren）究竟意味着什么？是美国奢侈品，象征体育运动和西方文化倡导的自由，当然工艺也超过一般水准。但如果人人都能接触到棉田和棉农，那品牌将意味着什么？谁缝制的衣服？把成衣漂洋过海运来用了什么燃料？公司的靛蓝背心盈利有多少？基于各种答案，这些信息既能成就品牌，也能损害品牌。

大多数品牌都根植于一种根深蒂固的隐私意识，需要控制自己的投入和产出。对于我们喜爱的品牌，我们相信它们既清楚自己的所作所为，也渴望与我们分享品牌故

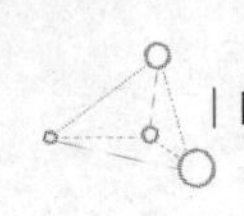

事。未来几年，我们将以非常具体的事实作为各种决策的基础。

随着区块链技术不断发展，许多受到严格管控的品牌将接受大众的审视，这在从前是难以想象的。有些品牌拥有不可告人的秘密。对这些品牌来说，公开透明、数据不可更改且具备民主化效应的区块链一旦开放，会摧毁其多年来树立的品牌信誉。

为什么品牌会甘愿受到如此广泛的审视？因为我们正面临制造、销售和消费方面的彻底变革。我敢打赌，透明化将成为常态，以我们无法预见的方式影响我们的世界观。企业必须变得透明，否则只能化为泡影，消失不见。

空开透明、免许可的区块链技术未来是否会胜过私有链，目前争议颇多。但我相信，从长远来看，公共链对想要创新的企业更有用处。公司对原料、货源、商品流通、支付方式和顾客待遇越是开放，就会变得越有创造力。有了透明度，那些本被思想流排除在外的伟大思想家将成为先锋，冲向最前线。那些对分布式创意持开放态度的公司将表现出色。

这一点，消费者将有目共睹。他们将制定信任老品牌的新标准。人们认为，故步自封的品牌天生不值得信赖。未来，消费者在很多方面将变得“难以驾驭”。消费者将成为真正的管理者。

此外，鉴于区块链智能合约的潜力，很快就有可能出现由数千名参与者所有、主要由机器人运营的新公司。区块链的每个参与者都将拥有代理权，而不用对中央集权或董事会做出回应。避难所将由收容者接管，这对我们所有人来说最好不过——对那些让自己的品牌随区块链发展的人来说尤为如此。

诚信将成为新的成功秘诀。

区块链在上海蓬勃发展。

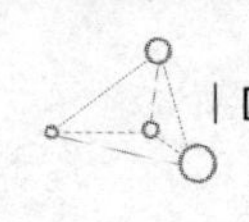

来到上海，我意识到，中国的快递服务已经颠覆了世界的消费支出模式。从阿拉斯加帝王蟹（想象一下快递员骑着摩托车飞驰在道路上的情景）到一袋葱，每样货品都能在半小时内送至顾客手中。然而，由于我女儿今年已在上海定居，我也很清楚，她使用的微信和支付宝仍有技术局限。在中国，微信和支付宝无处不在——无论是人行道上吸烟的老爷爷，还是浦东高楼里的金融技术分析师，大家都在用微信或支付宝支付大多数商品和服务。

在中国，大多数商店和售货亭的收银台前都悬挂着二维码，上面裹着莎伦包装膜，顾客可在排队时用手机扫描收款人的信息。通常情况下，人们不费吹灰之力就能完成付款，但似乎每隔四五个顾客，就有人得把手机递给店员，不少排队的人不耐烦地晃动着身体。最近，当我站在拥挤的人群中，准备登上高铁时，一名女子将自己的手机高高举向空中，并四处走动，拼命寻找信号——有信号才能显示车票信息。

对外国人来说，问题更加复杂。我女儿虽然使用中国手机，但没有中国的银行账户，只能使用微信的部分支付服务。大多数时候，我都用现金支付。即便在中国别的城市，现金支付都显得陈旧过时了。我要求更换机票，却被告知只能用中国的信用卡进行退款——我只好让那50美元付之东流。这就是现有支付体系内固有的不信任（尤其针对外国人）。

这种不信任，使中国城市成为区块链的完美突破口。中国的创新者在投资区块链技术方面名列前茅。万向电动汽车公司最近宣布，将在未来7年在智能城市区块链上投资300亿美元。为促进区块链创新，万向正在距上海一小时高铁车程的杭州建立一座大型实验室。这是一笔专注于区块链技术的巨额风投基金。对于一家面向自动驾驶汽车和去中心化自治组织未来的汽车公司来说，这一步似乎是水到渠成。

显然，中国整装待发，准备通过区块链实现改变。但国家是否有能力塑造区块链将要释放的未知力量，这一点远未可知。中国政府已经禁止了首次代币发行。政府强

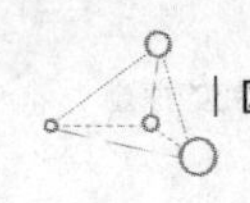

大的社会信用体系不断扩展，用于追踪每个公民的行为（犯罪行为、是否赡养年迈的父母等），奖励表现优秀的公民，为他们提供更好的培训、学校及其他服务。这种信用体系可能会因区块链保护个人信息的做法而遭到破坏，也可能因区块链的记账性质而得以强化。是福是祸，无人知晓。中国正迅速发展移动支付和银行经济，扩展商业规模，所有人的目光都该聚焦中国，尤其是上海。届时，区块链究竟是乌托邦，还是反乌托邦，都将一目了然。

被人工智能吓坏了吗？千万别这样。人工智能不会焦虑（除非你让它焦虑），这一点远优于人脑。如今，人工智能引领技术前沿，大多数人对此焦虑不安，就连埃隆·马斯克（Elon Mask）也表示担忧。人工智能与区块链强强联手，将对我们的生活产生巨大影响。影响结果是好是坏，迄今为止无法预测。我们不妨先撇下反对者不管，看看好的一面。

病历迁至区块链后，可利用人工智能来分析这些匿名的海量数据，从中了解疾病，对症下药。人工智能还能不断检查区块链上的版权和商标信息，打击侵权行为。

想象一下，一家电力公司利用人工智能来洽谈嵌入电网区块链交易的智能合约。这里，人工智能通过智能合约提升效率、改进价格，从而为公司实现利润最大化。与此同时，一家小型的太阳能生产商——哪怕只是屋顶安装了太阳能电池板的房主——也将拥有属于自己的人工智能，从而与电力公司的人工智能进行谈判。所有的交易都将记录在链。机器与机器交易，每一次交易中机器都在不断学习，所有交易都是利用区块链上为智能合约工作的机器人来完成的。

这听起来当然不可思议。可不，莱特兄弟的故事在当时听来也很疯狂。

从阿拉伯海的上空飞往迪拜，你会越过阿曼和一片广袤干旱的平原。高达162层的哈利法塔似乎不可能就在眼前，因为下面只有红色的岩石和灰色的沙子。不久，一片片耕地和一块块灰色屋顶映入眼帘。接着，在远处，这座

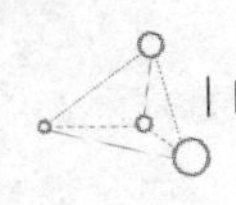

城市的摩天大楼沿着海岸线拔地而起，宛如一个幽灵。当飞机落地，你会发现眼前的一切是如此真实。整座城市仿佛从史前拔地而起，直指未来。地面上，电动汽车来来往往；男性身着迪什达沙长袍，头裹白纱巾；女性身着阿巴雅长袍，驻足在奶昔小站和拴着骆驼的柱子旁。这是一座非比寻常的人造天堂，有着形似棕榈树的人造岛屿，还有锐意进取的精英阶层。你可能不敢相信，这里大多数基础设施都是21世纪初才建成的。

作为阿拉伯联合酋长国的首都，迪拜这座令人疯狂的创新之城即将拥有世界上最广泛的政府区块链平台。到2020年，迪拜将实现既定目标，成为世界上的首座“区块链城市（该定义还有待确定）”。

作为一项服务，区块链是迪拜成为“智能城市”的关键。智能化的迪拜将具备全球竞争力，造福公民。政府估计，未来几年，阿联酋的GDP将增加数百亿美元。国家将努力建设自动运行的交通系统，重视可持续发展，建立广泛的物联网、人工智能和政府服务，实现100%的数字化，惠及所有人。当然，区块链起到了关键作用。我们的愿景是让政府和人民实现无现金、无纸币的互动。迪拜智能办公室（SDO）的主任艾莎·宾·比什尔（Aisha Bin Bishr）博士表示，他们的一个目标是“让迪拜成为地球上最幸福的城市，并通过我们遍布全球的社群传播幸福”。

区块链是激进思想家的狂热梦想，因为智能合约、分布式节点及新金融体系的潜力鼓励人们疯狂地猜测未来可能发生的变化。区块链在解构现状的同时，具有优化市场、提高利润、强化金融体系的潜力。为此，高盛集团（Goldman Sachs）等传统大型的投资公司正努力释放这些潜力。随着华尔街公司和对冲基金等层级森严、较为传统的系统运用区块链和近乎乌托邦的分布式公司（如Consensys）展开心战，区块链技术必将引发一场史诗级的变革。我们无法预知结果，但可以想见，未来将会出现几个可能协同运转的新系统。

我认为，一旦区块链上的分布式决策淘汰现有的强大机构，就有可能发生根本性的变革。如果你认为我的想法

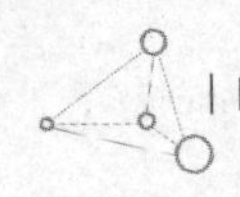

不切实际，不妨回忆一下，过去每个社区都有一家畅销的音像出租店，报纸每天都会印刷数版，胶片机统治全球，每个人都随身携带铅笔和橡皮。然而，面对（尤其是意料之外的）创新，我们最信赖的机构也会迅速垮台。

以下机构尤其不堪一击：

银行。它们会失去权力（和向我们收取每笔交易费的能力）。电力设施面对分布式能源和蓄电池陷入崩溃。

华尔街。即使拥有私有链，华尔街也永远无法控制加密货币的发展，无法跟上全球金融创新的步伐。

控制各个州县的主要政党。准备好迎接各种迷你党派和大量合作吧。

靠控制和利用知识产权而赢利的传媒集团。

将患者数据货币化、操控医疗服务的医疗集团。

社交媒体。向脸书、推特和照片墙说再见吧。你们只知道利用我们的数据，以后我们将不再需要你们，我们会有我们能掌控的社交媒体。

还有那些中央集权的公司——即便它们拥有遍布全球的分散式业务——也会遭受重大打击。无所不能的CEO不得不倾听区块链上每个用户的心声，哪怕这些用户声称，“我们不再需要CEO的指导”。

华尔街上的许多事情发展很快，但金钱是个例外。不同的实体使用不同的数据库，通过电子邮件、短信和电话与清算所和银行进行交易。实体必须相互信任。对于一笔交易来说，三天的等待期并不罕见。在等待过程中，除非万事俱备，否则交易结果只能悬而未决。这种延迟现象被称为“结算延迟”，听起来如同要在诊所做吸脂术一般。如果免信任的区块链技术能像许多人认为的那样，将交易的等待时长缩短至几分钟，就能解决结算延迟的问题。为了释放区块链的潜力，有些实力强大的银行（包括摩根大通、花旗银行等）组成了财团。金融科技，简称Fintech，世界各地的创业公司都在拼命寻求解决方案，消除障碍，争夺利润。

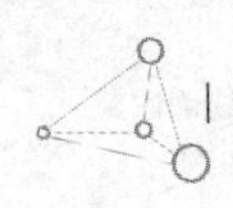

主流玩家都在竭力维持自身优势。如果价值可储存在区块链上，而不需要银行，会发生什么？如果信用评分可通过储存在区块链上的身份证明进行验证，而不需要信用机构，会发生什么？如果会计信息公开透明，又会发生什么？数十家银行正努力创建一家名为R3CEV的组织，希望实现区块链金融技术的标准化，简化银行之间的沟通交流。

那么，你今天想买什么？一杯拿铁，一台电动割草机，还是人造鳄鱼皮钱包？你了解产品的产地吗？

上述物品很可能来自不同出处。地方制造业使用本地产品的日子早已一去不复返。最起码，拿铁咖啡是由从热带地区一个农场（或几个农场，也许位于不同的洲）收获的咖啡豆制成的。这些咖啡豆很可能是在某个意大利、波特兰工厂或在咖啡店自己的设备里烘焙而成的。而牛奶则几乎肯定是来自距离你方圆几百英里内的几个农场。相比拿铁，制造割草机和钱包的供应链无疑要复杂得多。

正如我所说，这些供应链大多秘不外传，由纸质和数字文档接合在一起，不会在供应链上共享。通常，制造商和供应链源头的供应商之间隔着许多层级，二者几乎没有直接接触，透明度亦很有限。对于未经考验的供应商来说，要想赢得信任、加入供应链实属不易。指令和预测从供应链顶端向下发送，导致时间、材料和营销的效率低得令人咋舌，供应商因此错失了许多良机。与其他企业和消费者即兴交互产生的创造性机遇亦受到阻碍。

我们中的许多人相信，区块链技术能使以供应商为中心的新型供应链得以开发，对处于顶端的企业也有好处。而智能机器人合约的加入能使支付和清算交易实现自动化。目前，这些交易需要大量文书，更糟糕的是，还特别耗时。

航运巨头马士基（Maersk）和区块链的革新者IBM正在构建一个使用超级账本的系统，该系统可能会彻底改变世界各地的供应链。IBM表示，目前将一个集装箱的货物（如鲜花）从东非运至欧洲能产生数百份用于销售、海关、海运等的纸质文档。因此，他们设计了一个系统，让

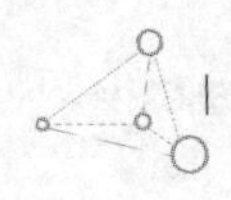

供应链上的每个人（包括海关官员和航运商）都能在区块链上进行交易。每个参与者都能看到商品的流通过程（和成本）。该系统可以防止盗窃、提高效率（包括支付效率），这样供应商就不必依赖某些“因素”或放贷机构来维持现金流，同时鼓励供应全链建立信任、勇于创新。

有了该系统，供应商能够预测需求，供应链上的每个人都能看到所售商品的来源和成本。一家名为Provenance的英国公司正在开发区块链技术，以确保食物（如金枪鱼）像标签所述的那样货真价实，能“从鱼钩到叉子”全程追踪。在斐济，通常由经过认证的可持续渔民捕获金枪鱼，然后通过在渔船上贴的标签，系统性地进行跟踪。这样，零售商和消费者便能看到，捕鱼和加工鱼的全程并无受剥削的劳工参与，这与往常大不相同；并且捕鱼的过程也会确保海洋中自然鱼群的存量。

区块链上，人越多，越开心。愿意上链并鼓励供应商上链的公司将会蓬勃发展。虽然对于企业来说效率高显然是好事，但我认为，进入供应链的区块链还会产生其他更加深远的影响。区块链技术平等主义的性质必将改变消费者看待产品、公司的方式，激发他们的购买欲望。该技术将促使企业竞争变得更加透明负责，从而使人们更加仔细地考虑自己消费商品的人文成本和环境成本。

最后，区块链还将鼓励消费者在购物时考虑道德、审美和“是否真的需要”这些因素，这对他们、环境和企业都有好处。

回到那杯咖啡。如果你手头有一种简单的方法，可以知晓你的拿铁咖啡是由工资体面的农民种植的可持续性作物制成的，那么，你轻酌咖啡时会不会更开心？

剽窃早已今非昔比。过去，人们为了抄袭，不得不掏出钢笔，逐字逐句地写。七年级的时候，我就学会了这招。为应付学期计划，我抄袭了那周《生活》杂志上查理·卓别林的封面资料。结果，在课堂上，我被抓了个现行，被罚坐在走廊上。从那以后，我再也没重蹈覆辙。

如今，人们只需复制粘贴即可。许多作家汇总从各种来源复制粘贴而来的想法，形成“大纲”，以此构建他们的故事、章节、书籍、电影和写给配偶的情书。

几年前，我就开启了复制粘贴之路。为了构建一个有研究依据的故事，我通常会把各种不同出版物、推特或网站上的一系列事实串联起来。当我粘贴了非自己原创的内容时，我会小心翼翼地进行标注，字体通常调整为斜体或黑体，并附上出处。我从不使用别人的语言，尽管我肯定认为自己深受他们观点的影响。据我所知，我从未不小心抄袭过任何人。我不知道是否有人剽窃我的话，但为了以防万一，当我写完时，我会把这本书记录在区块链上，这样就不会有人对我记录这些话的日期和时间持有异议了。如果没有人在我之前记录下这些话，那么我就是它们的实际主人。

区块链的结构使区块链成为一项完美的叙事技术。你的区块受到保护、不可更改，就像戒备森严的火车载着汽车，呼啸着穿越荒地，远离土匪。每节车厢都有自己的秘密，一个接一个。区块链既透明，同时又隐藏在神秘的代码中。

我们每个人都将自身的意义赋予这项技术。意义有好有坏，正如区块链既能让世界变得更美好，也可能是傻瓜为了愚弄他人而设计的毁灭性骗局。我宁愿相信，故事和意义都是美好的。我认为，区块链以其诚信、免信任的技术和平等主义的本质，肯定了故事作者对思想和创作的所有权，让它们光明正大、勇敢无畏地发展，从而使敏锐的艺术眼光和美好事物欣欣向荣。

区块链实现了开放的互联互通，从机械层面展现灵性、鼓励信仰。回首古代，苏非派、卡巴拉派、瑜伽士等古人提出了分布式宇宙论，构建了相应的体系。而区块链技术则是下一个启蒙时代的开端，不过，离我们还有段距离。

最近，我观看了特朗普总统的国情咨文演讲，而演讲稿的作者为了让总统赢得人心和选票，将英雄主义、悲剧、爱国主义和煽情的故事层层叠加，让我甚为惊讶。故

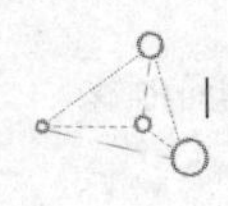

事串联成链，把总统和他的公民观众联系起来。这种联系是通过包厢座位上丰富的视觉效果体现的：一对年轻夫妇抱着他们从吸毒者那里收养的孩子；一位截肢的朝鲜难民碰巧拄着自己逃离隐士王国之前用过的拐杖；一对夫妻泣不成声，因为他们的孩子惨遭谋杀。从情感角度，这无疑具有过度的“杀伤力”。老实说，在听演讲的时候，我觉得自己受到了操纵，并为自己被故事吸引而略感内疚。这个演讲就是一个“区块链”。

区块链是故事的媒介。在我看来，区块链的创造故事讲述了精彩推理和逃逸的奇妙幻想，进一步证实了区块链的媒介性质。任何受该故事启发的技术在未来都会承载更多的故事。

公司或个人只要加入区块链，都应时刻考虑他们使用该技术所传达的故事。公司要想谈论区块链，先得全心全意地参与区块链。这并不是说，哪怕区块链技术尚不成熟，公司也得全心接受。但公司至少应该致力于各种层次的探索，随时做好加入区块链的准备。当今，任何企图

“占有”“区块链”的行为，最终注定会被断线的破坏性力量所毁灭。

泰·蒙塔古（Ty Montague）是一位富有魅力的思想家和实干家，也是我的朋友。几年前，他写了一本名为《真实故事》（*True Story*）的书，倡导他所称的“做故事”。在他与另一位精明的实干家罗斯玛丽·瑞安(Rosemary Ryan)共同创立的创新公司Co:collective，泰·蒙塔古引导各家企业活出自己的故事，而非仅仅讲述故事。不要光顾着说，而要放手去做。要让你的行动和你说的话一样响亮，让你的事业和个人生活体现你的故事。

对于区块链来说，这可能意味着区块链技术本身就是讲故事的平台。例如，你在区块链上注册一个产品，登记它的产地、材料和制造者，然后鼓励客户将自己的故事添加到数据中。如果这是一件夹克，顾客会说，他们在攀登沙斯塔山时就穿着它；如果这是一支昂贵的钢笔，他们可以描述用这支笔写成的书。凡是在未来邂逅链上物品的人，都将成为故事的一部分。

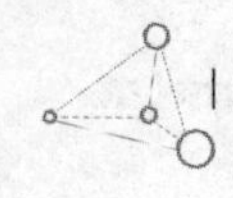

这对于每个想在区块链上构建故事的人来说都是宝贵的一课。现在，人们大肆宣传区块链，只要你在执行任务时提到区块链，肯定会备受关注。但不要被这些奉承蒙蔽了双眼，因为从长远来看——区块链技术拥有非常长远的发展前景——你的故事必须真实可靠、发自内心、公开透明。

你应当诚实地讲述你的公司与区块链的故事，坦白自己对这项技术的参与程度，无论你是浅尝辄止，还是涉水已深。如果你不明白区块链的工作原理，不妨直说。如果你很兴奋，那真是好极了，应当大声说出来。如果你和如今大多数领导者一样，不太确定区块链会把你引向何方，那不妨接受这种不确定性，告诉世界你正在学习。试着解释分布式网络将如何影响你的企业的创造性投入、供应链和战略。诚实点，大胆点，冷静点。最重要的是，活出你想创造的故事。

想象一下区块链在电网这一领域的潜力。是时候发挥想象力了，因为电力行业目前需要大创意。自20世纪初以来，电力产业从未发生过如此多的变化。随着我们进入可再生能源和物联网主导的新能源未来，电网将面临永久改变能源供应商与消费者关系的重大变化。可再生能源和连接家庭与工业的设备将产生数百万的在线投入、合约及选择，而区块链技术将成为适应这些投入、合约及选择的关键工具。

可再生能源将以前所未有的速度进入电网。与此同时，电动汽车和物联网上的其他机器正公开它们的电力需求。区块链具有安全管理无数交易的潜力。随着电网利用可再生能源投入实现现代化，区块链将彻底改变公共事业及其他行业的规则。管理数千户家庭的太阳能或风力发电机的能源与管理大型燃煤发电厂的发电量终归是两码事，但区块链却能应付自如。

如今的电网是一个相互联结的网络系统，必须控制双向电流，同时追踪大量独立生产商的支付情况。最近，复杂的电网系统发觉自己受到了电动汽车、家用太阳能电池板、智能冰箱，当然还有智能手机的挑战。所有这些设备

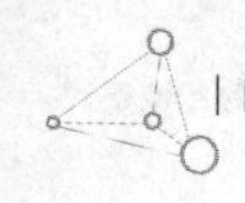

现在都使用区块链“交流”各自的电力需求，都有可能成为强大的能源资产。

正如我在前文提到的，区块链在结算某些类型的交易，尤其是涉及比特币的交易时，需要耗费大量电力，对环境造成破坏，因此饱受诟病。不过，分类账也为导致气候变化的其他问题提供了一些具有变革潜质的解决方案。许多有识之士认为，碳交易市场为碳污染定价不仅是减排的好办法，还能靠赚钱解决现存问题。例如，IBM和能源区块链实验室已经开发了碳资产交易平台。该平台使用超级账本，有望简化并加速在中国市场的交易，提高市场透明度。

区块链应对气候变化、实现其他环保目标的有趣例子还包括：

◎ 对全球温室气体排放的跟踪更加精确透明。

◎ 对抗气候变化和发展新技术的资金更易获得。

◎ 在野外安装传感器，帮助科学家远程监控地球的健康状况。

◎ 清洁能源的交易平台。

◎ 容易将各种来源的可再生能源引入电网。

◎ 可以透明地监督各国履行《巴黎气候协定》义务的进展。

◎ 认证森林所有权或用水权，防止恶性的入侵或发展。

◎ 追踪濒危动物、矿物及其他商品，防止它们在世界各地销售。

◎ 追踪环保捐赠资金的使用状况，观察它们是否使用妥当。

联合国、世界银行及其他大型机构目前正利用区块链对环境的积极影响制定多项计划。与此同时，许多技术正努力减少区块链对电力的消耗。

展望未来

过去总是令人紧张的，未来总是完美的，
这是一个邪恶的谎言。

——扎迪·史密斯[1]（Zadie Smith）

1　者注：扎迪·史密斯(Zadie Smith)，英国青年一代作家的代表，生于1975年10月27日，毕业于剑桥大学英文系，目前拥有三本备受关注的小说作品《白牙》（*White Teeth*）、《签名收藏家》（*The Autograph Man*）及《关于美》（*On Beauty*）。

区块链的乌托邦主义者预测，运用能改变世界的技术来进行社会变革，会给地球带来光明的未来。显然，区块链具有影响甚至改变大批行业、概念和系统的潜力。以下便是一些例子。

如前所述，物联网（IoT）诞生于我们不断将电视、汽车、牙刷、工业机器等物品连接至互联网的行为。区块链技术，尤其是智能合约，将使人们更容易就这些物品进行交易，提出要求，满足其他机器和人的需求。例如，你的冰箱会为你订购牛奶，轮胎生产线可根据新车销售的信号自动调整速度和产出。

金融交易速度会更快，因为不再需要仲裁者和“守门

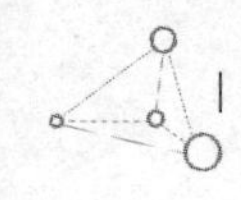

人”的担保。

艺术家将更容易从自己作品的转售中获取版税，因为区块链可证明作品出处、跟踪销售状况。收藏家也更容易组团购买昂贵的艺术品，所有的交易细节都由智能合约处理。

从能源利用到材料消耗，一切都将变得更加高效，大幅减少导致气候变化的碳排放。妥善管理资源的社区可利用区块链技术获得回报。智能城市会鼓励共享交通工具、节约用水等许多行为。

慈善机构将从更高的透明度和更低的交易成本中受益。

医疗记录及由此产生的隐私问题已经为区块链创新做好了准备，整个医疗保险领域都已成熟。

企业家已经利用区块链技术促进房产所有权的碎片化，让更多人享有房地产的巨大财富。

在世界上许多地方，土地所有权很难获取和维护。洪都拉斯已开始使用区块链技术来记录和转让土地所有权。

零售环境会有所改变：想象一个区块链，它保存着地球上出售的每件时装的记录——让你挑选你想要的；想象这样一个区块链，它只列出了符合可持续理念的服装，这样你就永远不必担心购买的服装会面临道德挑战。

加密货币会改变价值观，使我们的社会适应创新和自动化引发的失业。如今，许多人把普遍基本收入（UBI）归为"救济品"，它更像是对造福社会的行为——帮助社区、照顾家庭、堆制肥料——的奖励，而区块链会用不同类型的货币奖励这些行为。

然而，一切美好事物终归有尽头。未来，区块链技术很可能会被更好的技术所取代。在某种程度上，区块链是一种自我否定的力量。在新的社会、政治和金融秩序中，等级制度对应较少的权力，而合作对应较多的权力。区块链作为新型秩序的基础设施，会让新技术浮出水面，取代

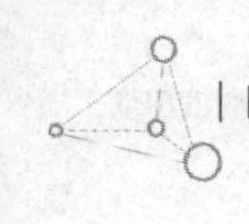

现有秩序。区块链只是我们向分布式系统过渡的开始，它承诺将改变我们经商、交流和治理的方式。而区块链这类分布式系统所释放的创造力将加速这种变化。

2018年，“区块链周”。以下是来自《纽约邮报》的一些头条新闻。《纽约邮报》是一家竭力吸引读者眼球的小报。

比特币变得无趣（哀叹比特币近期稳定的价格）

鲁里埃尔·鲁比尼（Nouriel Roubini）称比特币为“牛市”（天晓得会不会成真，不过这位纽约大学的经济学家或许说得有理）

加密货币可能给美国经济带来混乱（美联储顶级官员发出警告）

席卷纽约的“加密货币兄弟节”（Crypto Bro Fest）内幕

一张头条新闻里的照片展示了停在纽约区块链周区块

链会议前的几辆兰博基尼。区块链周以会议、辩论、大量派对和兰博基尼著称——这款车似乎有很多，象征着加密富翁的极致财富。

除了在皇后区举行以太坊峰会（Ethereal Summit），严肃地讨论如何拯救世界之外，区块链周还唤起了人们对世纪之交互联网泡沫破灭的强烈记忆。我记得，当时有家初创公司免费送货上门，我每天给他们打电话叫午餐外卖，他们都会把饭送来，且不收小费。为什么要这么做？因为他们想抢占更大的市场份额。但所谓的市场，只是一帮喜欢揩油占便宜的人罢了。

在那疯狂的几个月里，编制网络泡沫的年轻新贵们夜复一夜地举办疯狂派对。区块链周的情况大同小异，有时还包括1999年举办音乐会的一些音乐家。最近一次派对是在曼哈顿西区的一家夜总会举行的，史努比·道格(Snoop Dogg)的表演是该夜总会的特色。不过，大麻合法了，说唱也进化了，所以可能表演的人并不是史努比，而是德西·阿涅兹（Desi Arnez）。派对无处不在。人们坐在浴室

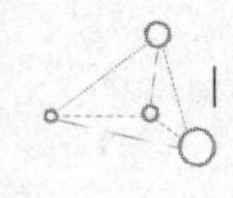

里一边喝着可乐，一边谈论加密货币，不免让人觉得泡沫即将破灭。

但这种泡沫是对加密货币进行的投机买卖，而非实实在在地思考区块链创新会如何影响产业和社会。区块链根本不是泡沫。

迪帕克表示，“区块链这一人类创举已经成为日常现实”。

嗯，我得先思考一下怎么表达自己的想法。很久以前，我读过迪帕克·乔普拉（Deepak Chopra）写的一本书，我认为他很有智慧。他站在低矮的舞台前面，手拿麦克风，看上去很享受派对的乐趣。他穿着黑色胶底运动鞋，与鲜红色的袜子形成鲜明对比。

所有的区块链从业者都穿着胶底运动鞋，那些在以太坊峰会上上台演讲的人更是如此。峰会举办地位于皇后区麦斯佩斯的纽约外郊，距离赞助峰会的区块链工作室

Consensys的总部不远。Consensys由以太链的联合创始人乔·鲁宾（Joe Bubin）创立。如今，乔·鲁宾已与迪帕克结为好友。

我坐在木椅上。在我和迪帕克之间，年轻人懒洋洋地躺在豪华舒适的地垫上。女性占大多数，穿着紧身裤和靴子，穿运动鞋的没几个。在我们的身后和四周，数千人正在薄墙的另一头参加以太坊峰会。他们相互交流，聆听演讲。眼前是漂亮毛衣和没有外壳的玻璃手机，还有兔皮制成的博尔萨利诺帽。房间里有许多因比特币而发财的人。身处会议的休息区，我的心中萌生出一丝羡慕。当初到底为什么没买……我后悔自己5年前没买比特币。如果我买了，现在早成富翁了。我的目光又回到迪帕克身上——他穿着深色尼赫鲁装，领子和口袋都是血红色的，与袜子颜色很相配。

他带我们进入冥想的世界，尽管身后是无声的咆哮，我还是陷入了沉思。几分钟后，外面下起雨，迪帕克打破冥想的沉寂，倾听我们的提问和评论。

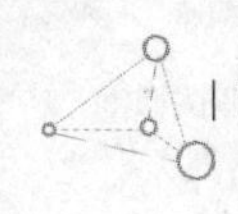

一位盘腿而坐、后背笔直的年轻人评论道：“我学瑜伽的时间和我投资加密货币的时间差不多。”他调节自己的音量，声音低沉，与宇宙的和谐完美相融，“我已经发现，脉轮系统、区块链系统及新型分布式互联网的基础之间存在相似性”。

迪帕克点点头，脸上露出一丝微笑。我在想，迪帕克是在思考这位年轻人话中的启示吗？我昨天想过，迪帕克是否在思考，脉轮（Chakra）[1]是我们自己能管控的地盘吗？或者，迪帕克是在计算比特币价格升至3万美元时他会有多少财富？

“迪帕克，你看出其中的联系了吗？”年轻人问道，双手呈祈祷状，谦卑地鞠躬。

“也许吧，也许。”大师回答。

1 译者注：在梵文当中，脉轮指轮子，人体上脉轮并非实质存在的器官，而是指全身气场的能量汇集点。

外面，电闪雷鸣。我集中精神，开始在脑中查看地图。我需要前往杰弗逊大街站。在我脑中，杰弗逊大街站通过不同颜色的连接器与城市中其他所有的车站节点相连。我想：哦，没错，这就是分布式系统的工作原理，不是吗?

在我前往车站的途中，一群年轻人堵住了人行道。他们穿着短夹克、戴着鼻环，顶着粉红、绿色和黄色的头发。你经常能在纽约的孩子群中看到这样的文化大杂烩——孩子可是我们的未来啊。一名年轻女子拎着手提包，包上写着“中本聪是女性”。

这些东西远比现金重要。我们给这些孩子留下了巨大的空间，让他们创造新世界。区块链事关政治、社会正义、经济、商业、可持续发展，具有巨大的变革性。随着所有区块链开始互相交流，所有节点连接在一起，摆脱旧式限制和所有权束缚的新型互联网就诞生了。

我希望，我们能够驾驭区块链，开启新的启蒙时代。

图书在版编目（CIP）数据

区块链浪潮 ：加密启蒙运动的开始与互联网的终结 / (美) 斯蒂芬·P.威廉姆斯 (Stephen P. Williams) 著 ; 葛琳译. — 杭州 : 浙江大学出版社, 2021.9

书名原文: BLOCKCHAIN: THE NEXT EVERYTHING

ISBN 978-7-308-21390-5

Ⅰ. ①区… Ⅱ. ①斯… ②葛… Ⅲ. ①区块链技术－研究 Ⅳ. ①TP311.135.9

中国版本图书馆CIP数据核字(2021)第094926号

First Scribner hardcover edition March 2019

浙江省版权局著作权合同登记图字：11—2021—140号

区块链浪潮：加密启蒙运动的开始与互联网的终结

［美］斯蒂芬·P.威廉姆斯 著 葛 琳 译

策　　划 杭州蓝狮子文化创意股份有限公司
责任编辑 张一弛
责任校对 陈 欣
出版发行 浙江大学出版社
（杭州市天目山路148号 邮政编码 310007）
（网址：http：//www.zjupress.com）
排　　版 杭州林智广告有限公司
印　　刷 杭州钱江彩色印务有限公司
开　　本 889mm×1194mm 1/32
印　　张 7.25
字　　数 110千
版 印 次 2021年9月第1版 2021年9月第1次印刷
书　　号 ISBN 978-7-308-21390-5
定　　价 52.00元

浙江大学出版社市场运营中心联系方式：0571-88925591；http：//zjdxcbs.tmall.com